SCHÄFFER
POESCHEL

Roman Stöger

Die wirksamsten Management-Werkzeuge

Das Schweizermesser für Führungskräfte

2016
Schäffer-Poeschel Verlag Stuttgart

Gedruckt auf chlorfrei gebleichtem, säurefreiem und alterungsbeständigem Papier

Bibliografische Information der Deutschen Nationalbibliothek
Die Deutsche Nationalbibliothek verzeichnet diese Publikation
in der Deutschen Nationalbibliografie; detaillierte bibliografische
Daten sind im Internet über http://dnb.d-nb.de abrufbar.

Print: ISBN 978-3-7910-3709-7 Bestell-Nr. 10178-0001
ePDF: ISBN 978-3-7910-3746-2 Bestell-Nr. 10178-0150

www.schaeffer-poeschel.de
service@schaeffer-poeschel.de

Umschlagentwurf: Goldener Westen, Berlin
Umschlaggestaltung: Kienle gestaltet, Stuttgart
(Bildnachweis: Shutterstock)
Satz: Claudia Wild, Konstanz
Druck und Bindung: BELTZ Bad Langensalza GmbH, Bad Langensalza

Printed in Germany
Juli 2016

Schäffer-Poeschel Verlag Stuttgart
Ein Tochterunternehmen der Haufe Gruppe

für Elisabeth, Maria und Johannes

Vorwort

Wir leben in einer Welt, in der es nicht an Ideen fehlt, sondern an der Umsetzung. Die größte Herausforderung besteht darin, Menschen und Organisationen wirksam zu machen. In diesem Buch werden diejenigen Instrumente behandelt, die sich in der Praxis bewährt haben und die sich konsequent an einem orientieren: Resultate.

Sechzig der bekanntesten Management-Werkzeuge werden fokussiert dargestellt und sofort einsatzfähig gemacht. Die Instrumente sind denjenigen Führungsthemen zugeordnet, die für alle Branchen und Unternehmensgrößen Relevanz haben: Markt und Wettbewerb, Unternehmenszweck und Strategie, Innovation und Geschäftsentwicklung, Strukturen und Qualität, Kosten und Produktivität, Schlüsselaufträge und Projekte, Kultur und Change. Im letzten Abschnitt sind diese Werkzeuge anhand von sieben integrierten Lösungsarchitekturen zusammengefasst: Strategieentwicklung, Innovationsprogramm, Produktivitätssteigerung, Organisationsentwicklung, Kooperation bzw. Integration, KVP-Programm bzw. Kaizen und Kulturentwicklung.

Ziele dieses Buches sind die Steigerung der persönlichen Wirksamkeit und Arbeitsmethodik, die Verbesserung der Umsetzungsstärke von Teams bzw. Organisationen und generell die Beschleunigung von Veränderungen. Zielgruppen sind Führungskräfte aller Branchen und Unternehmensgrößen, Manager von Start-ups und Unternehmensgründer, Nachwuchs-Führungskräfte und Studierende der Wirtschafts-, Technischen- und Natur-Wissenschaften.

In meiner zwanzigjährigen Begleitung von Industrie- und Handelsunternehmen, Finanzdienstleistern und Non-Profit-Organisationen sehe ich nicht Wissen als die entscheidende Ressource, sondern die methodische Kompetenz, Wissen wirksam zu machen. In diesem Sinn wird in diesem Buch nicht Wissen vorgestellt, sondern die Fähigkeit, vorhandenes Wissen zu einem echten Ergebnis umzuwandeln. Genau das ist Management!

Ich möchte mich an dieser Stelle bei meinen Impulsgebern bedanken, die ein solches Buch erst möglich machen: bei meinen Kunden, bei meinen wissenschaftlichen Kollegen und bei allen, die in Gesprächen, durch Publikationen und mit Beispielen wertvolle Anregungen geben und zu neuen Gedanken bewegen.

Prof. Dr. Roman Stöger

Inhaltsverzeichnis

Verzeichnis der Werkzeuge und Beispiele

Verzeichnis der Abkürzungen

AGB	Allgemeine Geschäftsbedingungen
AKV	Aufgaben, Kompetenzen, Verantwortlichkeiten
AVOR	Arbeitsvorbereitung
BPO	business process outsourcing
BPR	business process reengineering
BR	Betriebsrat
BRW	betriebliches Rechnungswesen
BSC	Balanced Scorecard
BVW	betriebliches Vorschlagswesen
BWL	Betriebswirtschaftslehre
bzgl.	bezüglich
bzw.	beziehungsweise
CAGR	current average growth rate
CAx	Abkürzung für CA-Techniken bzw. CA-Methoden
CBV	capability based view
CF	Cashflow
CG	corporate governance
CIM	computer integrated manufacturing
CIP	continuous improvement process
CPM	critical path method
CRM	customer relationship management
CSR	corporate social responsibility
DB	Deckungsbeitrag
DFMA	design for manufacture and assembly
DIN	Deutsche Industrienorm
DLZ	Durchlaufzeit
DTK	design to cost
DV	Datenverarbeitung
DWS	data warehouse system
EBIT	earnings before interest and taxes
EBT	earnings before taxes
EDM	engineering data management
EK	Eigenkapital
ERP	enterprise resource planning
EVA	economic value added
EVE	ergebnisverantwortliche Einheit
FdZ/FmZ	Führen durch Ziele/Führen mit Zielen
FIBU	Finanzbuchhaltung
FK	Fremdkapital
FMEA	Failure mode and effects analysis
F&E	Forschung & Entwicklung
GL	Geschäftsleitung
GuV	Gewinn- und Verlustrechnung
GWA	Gemeinkostenwertanalyse
HK	Herstellkosten
HRM	human resource management
HTML	hyper text markup protocol
http	hyper text transport protocol

ISDN	integrated services digital network
ISO	industrial standard organization
IT	Informationstechnologie
JIT	just in time
KBV	knowledge based view
KER	kurzfristige Erfolgsrechnung
KKT	Kernkompetenz-Technologien
KMU	klein- bzw. mittelständisches Unternehmen
KVP	kontinuierlicher Verbesserungsprozess
M&A	mergers and acquisitions
MbO	management by objectives
MBV	market based view
MER	Management Erfolgsrechnung
MIS	Management Informationssystem
NPO	Non-Profit-Organisation
OEM	only equipment manufacturer
PDM	product data management
PIM	product information management
PIMS	profit impact of market strategies
PMI	post merger integration
POS	point of sale
PPE	Produkt- und Prozessentwicklung
PPS	Produktplanung und -steuerung
PR	public relations
QFD	quality function deployment
QM	Qualitätsmanagement
R&D	research and development
RBV	resource based view
ROCE	return on capital employed
ROE	return on equity
ROI	return on Investment
ROS	return on sales
RP	rapid prototyping
RW	Rechnungswesen
SCM	supply chain management
SE	simultaneous engineering
SGF	strategisches Geschäftsfeld
SIV	Soll-Ist-Vergleich
SMART	spezifisch, messbar, ableitbar, realistisch, terminiert
SWOT	strenghts, weaknesses, opportunities, threats
TC	target costing
TDC	technical data management
TIM	technical information management
TOWS	threats, opportunities, weakness, strenghts
TQC	total quality control
TQM	total quality management
USP	unique selling proposition
VBM	value based management
VSM	viable system model
ZV	Zielvereinbarung

Angaben zum Autor

Prof. Dr. Roman Stöger ist Professor für strategisches Management an der FH Kufstein und Associate im Malik Management Zentrum St. Gallen. Zu seinen Beratungsmandaten gehören Unternehmen aus Industrie, Banken, Handel und NPO aller Unternehmensgrößen. Mehrere „Hidden Champions" zählen zu seinen Referenz-Kunden. Roman Stöger hat in den letzten Jahren zahlreiche Bücher und Artikel zu den Themen Strategie, Innovation, Prozesse, Organisation, Führung und Projektmanagement verfasst (Harvard Business Manager, zfo Zeitschrift Führung + Organisation, absatzwirtschaft, OrganisationsEntwicklung, gdi-Impuls...). Die Publikationen sind in mehreren Auflagen erschienen und wurden mehrfach ausgezeichnet. Roman Stöger ist verheiratet und hat zwei Kinder.

Die größte Herausforderung in unserer heutigen Welt: Umsetzung und Wirksamkeit

Von der Wissens- in die Umsetzungsgesellschaft

Die heutige Gesellschaft und insbesondere die Wirtschaft stehen vor einem interessanten Phänomen: Noch nie zuvor hat es so viele kompetente und intelligente Menschen in den Organisationen, auf den Arbeitsmärkten, im Netz und in Communities gegeben wie heute. Der Begriff der „Wissensgesellschaft", der sich seit den 1960er Jahren als Ziel etabliert hat, ist heute reales Faktum. Konnte man bis Ende des 20. Jahrhunderts noch von Wissen als knapper Ressource sprechen, so sieht die Situation heute anders aus: Wissen ist nicht mehr knapp, sondern vielfältig und unbegrenzt vorhanden. Wissen ist nicht mehr teuer, sondern kostet praktisch nichts mehr. Wissen ist nicht mehr das Privileg von wenigen, sondern gehört zur „Grundausstattung" von sehr vielen Menschen. Wissen erfordert nicht mehr langwierige Ausbildung, sondern entsteht rasch und in unterschiedlichen Konfigurationen. All das dokumentiert, dass wir Anfang des 21. Jahrhunderts nicht mehr nur von einer Wissensgesellschaft sprechen können, sondern eine „Umsetzungsgesellschaft" fordern müssen. Wir leben in einer Welt, in der es nicht mehr an Wissen, Ideen, Vorschlägen mangelt, sondern an der Umsetzung. Die größte Herausforderung besteht darin, Menschen und Organisationen wirksam zu machen. Der Ausspruch „Wissen ist Macht" kann vor diesem Hintergrund kritisch betrachtet werden, weil alleiniges Wissen noch nichts „macht" im Sinn von: bewirkt. In der heutigen Zeit müsste der Spruch abgewandelt werden in: „Das Wissen um die Umsetzung ist Macht."

Digitalisierung, Globalisierung, Hybridisierung, Big Data, Virtualisierung, Vernetzung usw. sind Ausdrucksformen von steigender Komplexität. Noch nie zuvor haben so viele Organisationen und so viele Menschen so viele Möglichkeiten gehabt wie heute. Diese steigende Anzahl der Möglichkeiten ist positiv, spannend und bietet Chancen. Gleichzeitig zeigt sie aber auch auf, dass eines immer wichtiger wird: die Fähigkeit zur transparenten Ausarbeitung von Themen, zur klaren Entscheidungsfindung und zur raschen Umsetzung. All das sind Managementkompetenzen, die künftig im Wettbewerb noch wichtiger sein werden. Nur so werden Menschen und Organisationen wirksam und nur so entstehen Resultate. Management bedeutet – frei nach Peter Drucker und Fredmund Malik – die Fähigkeit, aus Wissen und Ressourcen echte Resultate zu erzielen. Management ist damit nichts anderes als der Beruf des Resultate-Erzielens. Dementsprechend sollte es als Handwerk betrachtet werden, das all diejenigen beherrschen müssen, die für Ergebnisse verantwortlich sind: eine Produktionsstraße in der Industrie, ein Shop im Einzelhandel, die Leitung eines Kinderdorfes, die Vermarktung eines Opernhauses, die Führung eines internationalen Konzerns usw. Diese Beispiele zeigen auf, dass der Gegenstand von Management unterschiedlich ist, die Anforderungen an handwerkliche Professionalität aber dieselben sind. Dies gilt für alle Branchen, alle Unternehmensgrößen und alle hierarchische Stufen. Entgegen weit verbreiteter Meinung ist Management nicht mit Hierarchie identisch, sondern stellt ein Funktionsprinzip für Organisationen dar. Es ist derjenige Faktor, der dafür sorgt, dass Organisationen wirksam sein können. Schlüsselbegriffe sind: Umsetzung, Tempo, Professionalität, Veränderungsfähigkeit und Leistung.

Aufbau und Logik des Buches

Markt und Wettbewerb	Marktorientierung
Unternehmenszweck und Strategie	Geschäftsplanung
Innovation und Geschäftsentwicklung	Erneuerungsfähigkeit
Strukturen und Qualität	Leistungsorientierung
Kosten und Produktivität	Wirtschaftlichkeit
Schlüsselaufträge und Projekte	Umsetzungsstärke
Kultur und Change	Wandlungsfähigkeit
Integrierte Lösungsarchitekturen	Resultatorientierung

In diesem Buch werden diejenigen Management-Werkzeuge vorgestellt, die sich in der Praxis bewährt haben und Kernthemen in den Wirtschafts- und Managementwissenschaften sind. Alle Instrumente dienen der Entwicklung eines Themas, der Entscheidungsfindung und der Umsetzung. Das Buch besteht aus folgenden Abschnitten:

Der Abschnitt „**Markt und Wettbewerb**“ stellt das Thema Marktorientierung in das Zentrum. Es wird dargestellt, wie ein Markt, Wettbewerbsverhältnisse bzw. Kundennutzen erfasst werden und ein Geschäft analysiert wird. Werkzeuge wie die SWOT, der Lebenszyklus, die Boston-Matrix und Benchmarking werden vorgestellt.

Im Abschnitt „**Unternehmenszweck und Strategie**" geht es um die Geschäftsplanung. Zunächst werden Leitbild, Kernkompetenzen und Möglichkeiten der Strategieentwicklung über die Ansoff-Matrix dargestellt. Risiko-Radar, Geschäftsfeld-, Unternehmens- und Funktionalstrategie bilden den Kern der Planung des Geschäfts. Über die Balanced Scorecard (BSC) wird eine Strategie zusammengefasst.

Abschnitt „**Innovation und Geschäftsentwicklung**" behandelt die Erneuerungsfähigkeit. Über die Einschätzung der Substitution des Geschäfts und Innovationssteckbriefe können in weiterer Folge Markterfolgsprofile erstellt werden. Dies geschieht entweder über das Innovieren des Geschäftsmodells oder das Innovieren in kleinen Schritten. Als Management-Instrument dient die Innovations- und Start-up-Strategie.

Der Abschnitt „**Strukturen und Qualität**" fokussiert auf die Leistungsorientierung. Grundlegende Werkzeuge sind die Wertschöpfungskette, die Prozesskette und der kontinuierliche Verbesserungsprozess KVP. Instrumente wie Qualitätsmessung, Fehlerbaum, Moments of Truth, Schnittstellenanalyse, Funktionendiagramm, Stellenbeschreibung, Sitzungsmanagement und Prozessauftrag stellen Professionalität auf allen Ebenen sicher.

Im Abschnitt „**Kosten und Produktivität**" geht es um Wirtschaftlichkeit. Über das Gewinnbedarfsbudget und die Erfahrungskurve wird der Rahmen abgesteckt. Kostentreiber-Management, systematische Müllabfuhr, Prozesskostenrechnung und Produktivitätsstrategie stellen sicher, dass eine Organisation schlank und schnell bleibt.

Der Abschnitt „**Schlüsselaufträge und Projekte**" bezieht sich auf Umsetzungsstärke. Es geht zunächst um Schlüsselaufträge bzw. Zielvereinbarungen als Hebel für Wirksamkeit. Projektauftrag, Projektlandkarte, Balkenplan, Mengengerüst, Ressourcenplan und Leistungsmessung stecken den Rahmen für effektive Projekte ab. Handwerklich werden Tagesordnung und Protokoll, Projektübergabe und Abschlussbericht behandelt.

Im Abschnitt „**Kultur und Change**" rückt die Wandlungsfähigkeit eines Unternehmens ins Zentrum. Diagnose und Gestaltung der Unternehmenskultur, Change-Management-Audit, Veränderungstreiber und Transformationslandkarte sind grundlegende Instrumente. Stakeholder-Management, Kommunikationsmatrix, Umsetzungscontrolling und Resultatbericht stellen Wirksamkeit sicher.

Jedes einzelne Kapitel liefert zunächst eine Zielsetzung und Definition des Themas. Dazu gehört auch eine Darstellung der Schlüsselbegriffe und Synonyme. Einsatz, Wirkung und Nutzen werden stichwortartig dargestellt, damit rasch Klarheit herrscht, ob das jeweilige Instrument in Einsatz kommen soll. Wenn ein Einsatz zweckmäßig erscheint, werden Anwendung und Umsetzung kurz erläutert und anhand eines neutralisierten Beispiels vorgestellt. Dieses Beispiel ist gleichzeitig auch das Werkzeug bzw. die Erarbeitungsstruktur. Die Kompaktheit der Darstellung und das Werkzeug stellen sicher, dass ein rascher Einstieg, vor allem aber die Umsetzung eines Management-Themas gelingt.

Der letzte Abschnitt „**Integrierte Lösungsarchitekturen**" stellt die wichtigsten, übergreifenden Unternehmensprozesse vor und baut die jeweiligen Werkzeuge ein. Es geht um folgende Themen: Strategieentwicklung, Innovationsprogramm, Produktivitätssteigerung, Organisationsentwicklung, Kooperation bzw. Integration, Kaizen bzw. KVP-Programm und Kulturentwicklung.

Am Ende des Buches werden Einsatz, Wirkung und Nutzen der einzelnen Werkzeuge im Überblick zusammengefasst. Abgeschlossen wird das Buch mit einem Verzeichnis der Stichworte und Synonyme.

Methodische Kompetenz als Dreh- und Angelpunkt für Wirksamkeit

Steigende Komplexität in unserer heutigen Welt und in unseren heutigen Organisationen bedeutet, dass immer weniger langfristig geplant werden kann, immer mehr Wissensträger bzw. -quellen einzubeziehen sind, Veränderungsraten kürzer werden und die Umsetzung rascher erfolgen muss. Komplexität bewirkt daher die dramatische Steigerung der Anforderungen insbesondere an eine Führungskraft: Es kommt darauf an, in kurzer Zeit viel Wissen so zu verarbeiten, dass Entscheidungen getroffen werden können, für Verantwortlichkeit gesorgt ist und die Umsetzung gestartet werden kann. Dies bildet den Kern von „methodischer Kompetenz". Wesentliche Eckpunkte sind folgende:

- Klarheit im **Durchdenken des Themas**, d. h. das „Ausleuchten" der Thematik aus unterschiedlichen Perspektiven
- Sicherstellung von **gemeinsamen Verständnis und gemeinsamer Sprache**, d. h. die Bildung einer gemeinsamen Sichtweise und des richtigen Maßes an Kommunikation
- Entwicklung eines **nachvollziehbaren Entwicklungsprozesses**, d. h. die übersichtliche und richtige Zuordnung der Werkzeuge
- Frühzeitiges **Ansteuern von Entscheidung und Umsetzung**, d. h. sich sofort auf Resultate konzentrieren
- Beachtung der richtigen „**Flughöhe**", d. h. das Finden des richtigen Konkretisierungsgrads in Diskussion und Ausarbeitung
- Sicherstellung von **Verständlichkeit**, d. h. Vermeidung von Fremdworten und Anglizismen (außer in internationalen Organisationen)
- Einbezug von **Personen mit Geschäftsverständnis und Verantwortung**, d. h. genügend Sachverstand und Kompetenz für die Umsetzung
- Nachvollziehbarkeit in der **schriftlichen Dokumentation**, d. h. Sicherstellung von Überblick, Ablage und „intuitive" Navigation
- Einbau der **Methodenkompetenz in die Personal- und Führungskräfteentwicklung**, d. h. Kompetenz im Umgang mit den Werkzeugen
- Sicherstellung von **Wirksamkeitscontrolling**, d. h. Prüfung der Resultate und der Veränderung
- Konzentration auf **Weniges**, d. h. Vermeidung von Verzettelung und Priorisierung von Maßnahmen
- **Vorbildwirkung** des Managements, d. h. klare Entscheidungen, Forcierung der Umsetzung und Übernahme von Verantwortung

Der Titel des Buches ist gleichzeitig auch Ziel des Buches: die Steigerung der Wirksamkeit. Zunächst geht es darum, die Wirksamkeit der Person als Führungskraft zu steigern. Dies ist die Grundlage dafür, dass die Umsetzungsstärke des Teams bzw. Verantwortungsbereichs erhöht wird. Durch methodische Kompetenz wird eine wesentliche Voraussetzung für Veränderungsfähigkeit geschaffen, insbesondere was das Tempo und den Umstieg auf die „Neue Welt" betrifft. Das Buch verschafft „Fitness" mit Werkzeugen und damit auch die Weiterentwicklung der eigenen Stärken als Person, vor allem der Management-Fähigkeiten. Hier schließt sich der Kreis wieder zur Definition von Management: Der Beruf des Resultate-Erzielens und der Wirksamkeit.

MARKT UND WETTBEWERB

MARKTORIENTIERUNG

Werkzeug-Navigator

1. Marktcockpit
2. Wettbewerbsanalyse Five Forces
3. Kundennutzen
4. Geschäftsanalyse
5. SWOT und TOWS
6. Lebenszyklus
7. Portfolio/Boston-Matrix
8. Benchmarking

1. Marktcockpit

Zielsetzung und Definition

Im Marktcockpit werden die wesentlichen Bestimmungsgrößen eines Marktes bzw. Geschäftsfeldes zusammengefasst, wie beispielsweise Marktpotenzial, Marktvolumen, Marktanteil, Treiber des Wettbewerbs, Substitution ...

Schlüsselbegriffe und Synonyme

Geschäftsanalyse, Marktanalyse, Marktbeurteilung, Marktcockpit, Marktdefinition, Marktscreening, Wettbewerbsanalyse

Einsatz, Wirkung und Nutzen

- **Abgrenzung und Beurteilung** des strategisch relevanten Marktes
- Darstellung der **Treiber für den Wettbewerb**
- **Szenario** für einen Zielmarkt
- **Grundlage für Strategie und Marketing** bzgl.: Marktleistungen, Geschäftsmodelle, Kunden, Regionen, Technologien
- **Einheitliches Verständnis** über den Markt

Anwendung und Umsetzung

- **Abgrenzung des Marktes**: Marktleistung und Kunden
- **Zusammenstellung aller vorhandenen Unterlagen** und Ergänzung von Marktdaten bzw. -erkenntnissen
- Darstellung der **Ausgangslage und Definition eines Zielmarktes**
- **Beurteilung der relevanten Marktinformationen** und entsprechender Maßnahmen
- Definition eines schlanken **Prozesses zur regelmäßigen Marktüberprüfung**

Quellen und Links

Kohlert, H.: Unternehmensanalyse und strategische Planung, Stuttgart 2015.
Porter, M.: Wettbewerbsstrategie. Methoden zur Analyse von Branchen und Konkurrenten, Frankfurt 2013.

1. Marktcockpit: Werkzeug und Beispiel (Großhandel)

Markt-Definition	▪ Großküchen bei Großverbrauchern, Gastronomie und Systemgeschäft für das Baltikum ▪ Küchengrößen ab einem durchschnittlichen Umsatz von 500.000 Euro p. a.	
Faktor	**Daten bzw. Informationen**	**Beurteilung bzw. Maßnahmen**
1. Treiber des Geschäftes	▪ Wachsendes Systemgeschäft (5–10 % p. a.) ▪ Stagnation: Healthcare und Hochschulen ▪ Steigender Wettbewerb durch Retail und Kleinversorger ▪ ...	▪ Ausbau des Zulieferanteils in Ballungsgebieten ▪ Spezielle Bindungsprogramme für Healthcare ▪ Service-Offensive bei Großkunden ▪ ...
2. Markt-Potenzial	▪ 800 Mio. Euro ▪ gut abschätzbares Potenzial ▪ ...	▪ neuerliche Erhebung des Marktpotenzials in 201x ▪ Differenzierung des Potenzials nach Kundengruppen ▪ ...
3. Markt-Volumen	▪ 650 Mio. Euro (ca. 80 % Volumensanteil) ▪ Wachstum ca. 1–5 % (nach Kundengruppen) ▪ ...	▪ Differenzierung in Preis- und Qualitätsmärkte ▪ Ausrichtung des Marketing: Preis-/Qualitätsmarkt ▪ ...
4. Umsatz, Marktanteil (absolut und relativ)	▪ Umsatz: 143 Mio. Euro ▪ MA absolut: 22 %, MA relativ: ca. 60 ▪ Klare Dominanz der 6 großen Wettbewerber ▪ ...	▪ Erwartbare Marktkonsolidierung ▪ Prüfung Akquisition Wettbewerber A, B ▪ Marktdurchdringung v. a. in den Regionen X, Y, Z ▪ ...
5. Preisniveau	▪ in Summe stagnierende Preise seit 201x ▪ starker Preisdruck: Kleingastro und Kleinkantinen ▪ ...	▪ Prüfung: Rückzug aus Kleingastro-Geschäft ▪ Auslagerung Logistik in stark ländlichen Regionen ▪ ...

2. Wettbewerbsanalyse Five Forces

Zielsetzung und Definition

Die Wettbewerbsanalyse der Five Foces nach Michael Porter beschreibt die relevanten Triebkräfte der Konkurrenz im Markt. Diese bestimmen Wettbewerbsintensität, Rendite und Innovation. Die fünf Kräfte sind: bestehende Wettbewerber, neue Wettbewerber, Lieferanten, Abnehmer (Kunden) und Substitutionslösungen.

Schlüsselbegriffe und Synonyme

Branchenstrukturanalyse, Five-Forces, Five-Forces-Modell, Konkurrenzanalyse, Konkurrenzmodell, Marktanalyse, Porter-Analyse, Wettbewerbsanalyse, Wettbewerbsmodell

Einsatz, Wirkung und Nutzen

- Klarheit über **Wettbewerbsstruktur, Renditepotenzial und Substitutionsgefahr**
- Identifikation heutiger und künftiger **Wettbewerber bzw. Lösungen**
- Sensibilität für den **Wettbewerb als Ganzes**
- Konkurrenzspezifisches Vorgehen: **Wettbewerbsstrategie**, Aktionsplan
- Grundlage für **Markteintritt bzw. -austritt**

Anwendung und Umsetzung

- **Identifikation der Wettbewerbskräfte** im relevanten Markt
- **Aufbereitung aller existierenden Informationen** und Ergänzung von Marktdaten bzw. -erkenntnissen
- Entwicklung eines **Szenarios** der Wettbewerbskräfte im zukünftigen Markt
- **Beurteilung der Wettbewerbskräfte** und entsprechender Maßnahmen
- Festlegung eines künftigen **Prozesses zur systematischen Wettbewerbsanalyse**

Quellen und Links

Harvard Business Review Press: On Strategy Boston 2011.
Porter, M.: Wettbewerb und Strategie, München 1999.

2. Wettbewerbsanalyse Five Forces: Werkzeug und Beispiel (Maschinenbau)

Five Forces	Daten bzw. Informationen	Beurteilung bzw. Maßnahmen
1. Konkurrenz im heutigen Geschäft (aus der Branche)	▪ Marktbereinigung in Richtung vier großer Wettbewerber und kleine Wettbewerber in Nischen ▪ Marktbereinigung, v. a. bei Konkurrenten A, B ▪ …	▪ Prüfung Übernahme bei Wettbewerber A, C ▪ Laufendes „Radar“ bzgl. der Reaktion der Wettbewerber: Kooperation, Akquisitionen ▪ …
2. Konkurrenz im künftigen Geschäft (aus der Branche bzw. anderen Branchen)	▪ Zunehmende Spaltung des Marktes in Preis-/Qualitätsmarkt und neue Wettbewerber aus dem Commodity-Segment (China, Indonesien) ▪ Markteintritt von Automotive-Zulieferern ▪ …	▪ Neupositionierung für die künftigen Preis- und Qualitätsmärkte (Preis-Leistungsverhältnis) ▪ Prüfung: Zweitmarke für Preissegment (oder Kooperation) ▪ …
3. Wettbewerb durch Lieferanten	▪ Vorwärtsintegration und neuer Wettbewerb durch Komponenten-Lieferanten (Preissegment) ▪ Keine Konkurrenz im Qualitätssegment ▪ …	▪ Detaillierte Beobachtung der Entwicklung der Komponenten-Lieferanten ▪ Verstärkung der Bindung von Lieferanten ▪ …
4. Wettbewerb durch Kunden	▪ Keine zu erwartende Rückwärtsintegration ▪ Neue Anforderungen: Finanzierung, Komplettlösungen ▪ …	▪ Bessere Durchdringung der Wertkette beim Kunden ▪ Verstärkung Dienstleistungen: Finanzierung, Komplettlösung ▪ …
5. Substitution (Marktleistungen bzw. Geschäftsmodell)	▪ Langfristige Substitution der mechanischen Befestigungstechnik durch Klebe-Lösungen ▪ Forcierter Marktauftritt der chemischen Industrie ▪ …	▪ Prüfung von Kooperationen mit der chemischen Industrie ▪ Jährlicher Substitutionsbericht ▪ …

3. Kundennutzen

Zielsetzung und Definition

Kundennutzen ist das subjektive Empfinden eines Kunden über die Leistung einer Organisation. Zum Kundennutzen gehören die direkten Leistungsmerkmale des Produkts bzw. der Dienstleistung, die begleitenden Leistungsprozesse und das Image. Beurteilt wird der Kundennutzen immer im Verhältnis zu Alternativangeboten.

Schlüsselbegriffe und Synonyme

Customer value, Kundenanalyse, Kundennutzen, Kundennutzen-Analyse, Kundenzufriedenheit, Preis-Leistungs-Verhältnis, Preis-Qualitätsposition, Produkt-/Dienstleistungsanalyse, Wertanalyse

Einsatz, Wirkung und Nutzen

- Klarheit über den unmittelbaren **Geschäftszweck: Leistung** für einen Kunden
- Grundlage für **Positionierung und Differenzierung**
- Wesentlicher **Input** für Strategie, Marketing, Vertrieb, Entwicklung, Service, Kundenbindung
- Instrument für unterschiedliche **Szenarien** (Qualität, Preis, Wettbewerber)
- Quelle für **Qualitäts-, Preis- und Kosten-Management**

Anwendung und Umsetzung

- Erarbeitung des **Inputblattes**: Marktleistung, kaufentscheidende Kriterien, Gewichtung, Beurteilung
- Entwicklung des **Qualitätscockpits**, d. h. der Darstellung der Qualitätskriterien
- Ableitung von **Qualitätsmaßnahmen** aus dem Qualitätscockpit
- Entwicklung des **Kundennutzencockpits**, d. h. der Position der Wettbewerber
- Ableitung von **Maßnahmen aus dem Kundennutzencockpit**

Quellen und Links

Belz, C.: Value Selling, Stuttgart 2016.
Riedel, K.: Das kundenorientierte Unternehmen, Stuttgart 2016.

3. Kundennutzen – Inputblatt: Werkzeug und Beispiel (Reisebranche)

Nr.	Kaufentscheidendes Kriterium	Gewichtung (Summe: 100)	Relative Bewertung				
			––	–	0	+	++
1	Marke/Image beim Kunden	30			×		
2	Breite der Produktpalette	25		×			
3	Sicherheit/Sicherheitsempfinden	20				×	
4	Betreuung vor Ort	10	×				
5	Verfügbarkeit des Angebotes	5		×			
6	Kataloggestaltung	5					×
7	Reiseunterlagen	5				×	

Konkurrent	Name	Qualitätsposition	Preisposition
WIR:	Studia-Reisen	0	niedrig
Konkurrent A:	Travel AG	niedrig	hoch
Konkurrent B:	YourHoliday.com	hoch	niedrig

Legende für die relative Bewertung der Qualität:

++ ausgeprägter Wettbewerbsvorteil
+ einfacher Wettbewerbsvorteil
–– ausgeprägter Wettbewerbsnachteil
– einfacher Wettbewerbsnachteil
0 neutral/weder -noch

3. Kundennutzen – Qualitätscockpit: Werkzeug und Beispiel (Reisebranche)

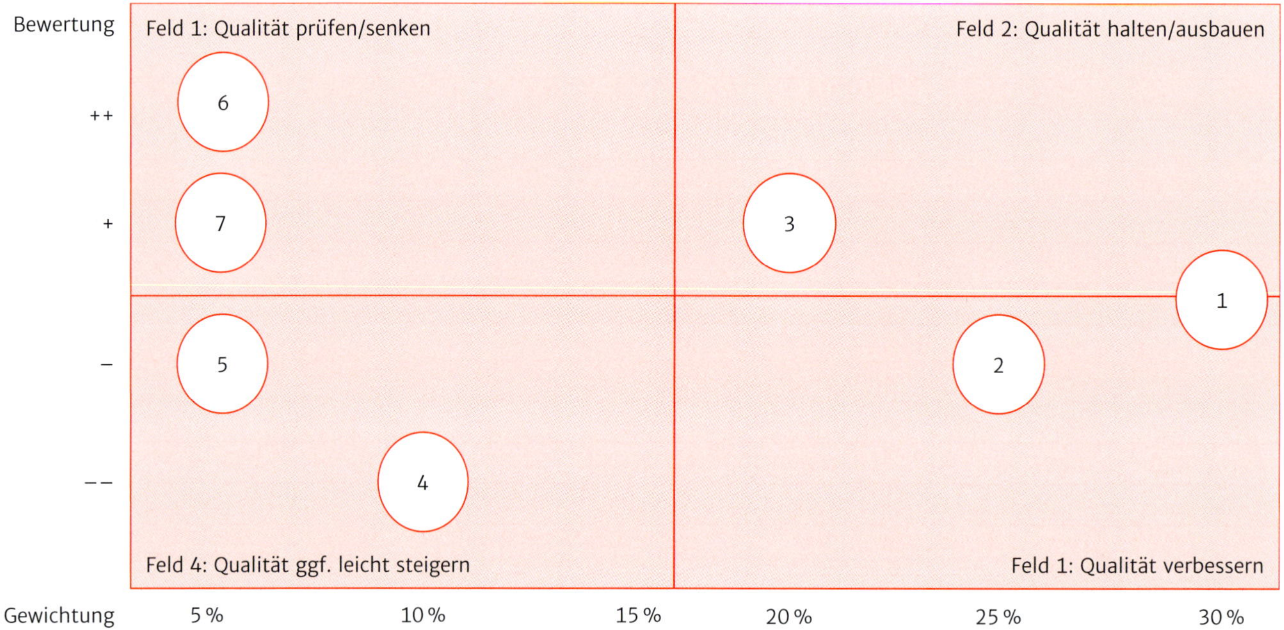

Legende der kaufentscheidenden Kriterien:

1 Marke/Image beim Kunden
2 Breite der Produktpalette
3 Sicherheit/Sicherheitsempfinden
4 Betreuung vor Ort
5 Verfügbarkeit des Angebotes
6 Kataloggestaltung
7 Reiseunterlagen

3. Kundennutzen – Kundennutzencockpit: Werkzeug und Beispiel (Reisebranche)

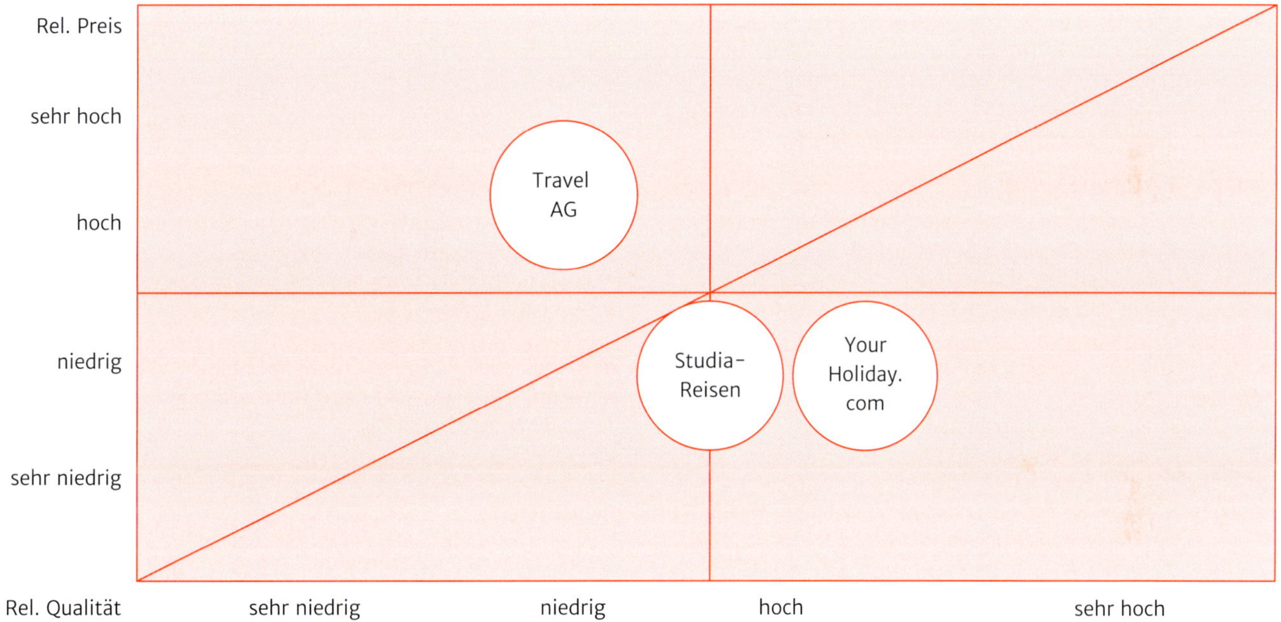

Konkurrent	Name	Qualitätsposition	Preisposition
WIR:	Studia-Reisen	0	niedrig
Konkurrent A:	Travel AG	niedrig	hoch
Konkurrent B:	YourHoliday.com	hoch	niedrig

4. Geschäftsanalyse

Zielsetzung und Definition

Die Geschäftsanalyse dient der gemeinsamen Beurteilung der Ausgangslage. Dieser Schritt ist eine Voraussetzung für die Ausgestaltung von Strategien, Prozessen, Projekten und für die abgeleiteten Zielformulierungen. Welche Werkzeuge für eine Analyse verwendet werden, hängt vom Einzelfall ab.

Schlüsselbegriffe und Synonyme

Beurteilung der Ausgangslage, Business-Analyse, Geschäftsanalyse, Geschäftsfeldanalyse, Marktanalyse, Unternehmensanalyse

Einsatz, Wirkung und Nutzen

- Kompakte **Zusammenfassung vieler unterschiedlicher Quellen** und Informationen in einer einfachen Logik
- Erstellen von **Überblick**, Vernetzung und Zusammenhängen
- Herausarbeiten der **strategischen Herausforderungen** und der echten Zukunftsfragen
- Entwicklung von **strategischen Optionen und Sofortmaßnahmen**
- Werkzeug für das **strategische Controlling**

Anwendung und Umsetzung

- Systematische **Sammlung aller vorhandenen Quellen** (Analysen, Studien, Erhebungen ...)
- **Ergänzung fehlender Informationen** bzw. Erkenntnisse
- **Gemeinsame Beurteilung der Ausgangslage** im Sinn der Schlussfolgerungen und Themen für den weiteren Prozess
- Formulierung konkreter und **überprüfbarer Aussagen**
- Wichtiger Bezugspunkt in der **Umsetzung und Weiterentwicklung des Geschäftes**

Quellen und Links

Malik, F.: Strategie. Navigieren in der Komplexität der Neuen Welt, Frankfurt 2011.
Stöger, R.: Strategieentwicklung für die Praxis, Stuttgart 2010.

4. Geschäftsanalyse: Werkzeug und Beispiel (Bauunternehmen)

1. Spielregeln und Herausforderungen im künftigen Geschäft	
1. Markt und Kunden	▪ steigender Wettbewerbsdruck (v. a. auf mittelgroße Anbieter) ▪ steigende Bedeutung: Individualität, Demografie
2. Innovation und Substitution	▪ neue Kubaturen im Wohn- und Bürobau ▪ Tendenz hin zu Gesamtanbieter (alle Prozesse)
3. Kosten und Prozesse	▪ Beschleunigung der Prozesse, Verbesserung der Datenbasis ▪ Druck auf Investment/Verbesserung Investment-Intensität
4. Personal und Führung	▪ Facharbeitermangel, Mangel an Führungskräften (Bauleiter) ▪ hohe Fluktuation von guten Leuten (generell in der Branche)
5. Liquidität und Profitabilität	▪ Druck auf Margen (v. a. in Regionen A, B), ca. 10 bis 15 % Umsatzrendite als untere Grenze ▪ Liquiditätsdruck in der Branche
2. Themenspeicher/Geschäftsoptionen	
1. Markt und Kunden	▪ Forcierung des Segments „Schlüsselfertig“ ▪ forcierter Ausbau von Keller, Kaminen, Garagen für Fertigteilhäuser
2. Innovation und Substitution	▪ Entwicklung von Dienstleistungspaketen (z. B. Projektleitung für Kunden bei Gewerken ...) ▪ Neue Energielösungen für Schlüsselfertig-Segment
3. Kosten und Prozesse	▪ Senkung Fixkosten, Bereinigung Investment (Bauhöfe A, B) ▪ Technik-Nachrüstung (Bsp. Systembau)
4. Personal und Führung	▪ Einführung echter Personalentwicklung ▪ Führungskräfte-Entwicklungsprogramm
5. Liquidität und Profitabilität	▪ Einführung Risikoprofil (Subunternehmer ...) mit direkter Wirkung auf die Ergebnisse ▪ Einführung: langfristige Liquiditätsplanung

4. Geschäftsanalyse: Werkzeug und Beispiel (Bauunternehmen)

3. Quantifizierung des Geschäfts	Jahr 1	Jahr 2	Jahr 3
Marktvolumen	640	630	640
Umsatz/Marktanteil	90/14 %	95/15 %	97/15 %
Absatz (errichtete Einheiten)	200	215	230
Einkauf	30	31	34
Wertschöpfung (Umsatz – Einkauf)	60	64	63
Investment	45	45	48
Investment-Intensität (Investment/Wertschöpfung)	0,75	0,70	0,76
Vollzeit-Arbeitskräfte	580	575	570
Produktivität (Wertschöpfung pro Vollzeitarbeitskraft)	0,10	0,11	0,11
Cashflow	10	12	8
Betriebsergebnis	13	14	14
Umsatzrendite (Betriebsergebnis/Umsatz)	14 %	15 %	14 %
Return on Investment (Betriebsergebnis/Investment)	29 %	31 %	29 %

4. Themenspeicher für die Optionenphase

Nr.	Maßnahme	Termin	Verantw.	Status
1.	Verbesserung des Cash-Managements inkl. klarer organisatorischer Regelung	31.01.	Müller	
2.	Prüfung Kooperation mit X im Rohbau	28.02.	Achleitner	
3.	Komplette Schließung Bauhof Y	30.06.	Krajic	
4.	...	30.06.	Ebner	

5. SWOT und TOWS

Zielsetzung und Definition

Unter SWOT wird die Zusammenfassung von Analysen in Form von S-Stärken (strengths), W-Schwächen (weaknesses), O-Chancen (opportunities) und T-Gefahren (threats) verstanden. TOWS verbindet die beiden Dimensionen Stärken-Schwächen und Chancen-Gefahren.

Einsatz, Wirkung und Nutzen

- **Komprimierte Zusammenfassung** unterschiedlicher Quellen
- **Zwang zu Präzision** und Vermeidung langatmiger Ausführungen
- Denken in **unterschiedlichen Dimensionen**: innen (Stärken, Schwächen) und außen (Chancen, Gefahren)
- **Controllinginstrument**, v. a. bezüglich Veränderungen
- **Anwendbar** für praktisch alle Themen und Werkzeuge

Schlüsselbegriffe und Synonyme

Analyse-Matrix, Analyse-Raster, Stärken-Schwächen-Profil, Stärken-Chancen-Raster, SWOT, TOWS, Vierfelder-Analyse

Anwendung und Umsetzung

- **Klärung der Inputquellen** für SWOT und TOWS
- **Zusammenfassung** anhand der Logik SWOT/TOWS
- **Kurze, aussagekräftige und überprüfbare Formulierungen** (Vermeidung von Allgemeinplätzen)
- Entwicklung **unternehmerischer Aktionsfelder** – v. a. in der TOWS-Logik
- Integration in einen **größeren Kontext** (Strategie ...)

Quellen und Links

Paul, H./Wollny, V.: Instrumente des strategischen Managements, München 2015.

Schumann, H.: Die SWOT-Analyse. Ein Instrument des strategischen Managements, Norderstedt 2012.

5. SWOT und TOWS: Werkzeug und Beispiel (Versicherung)

SWOT

SWOT: Stärken	SWOT: Schwächen
▪ Marktführer, gutes Image ▪ Stabile, schlanke Prozesse ▪ Erfahrener Mitarbeiterstamm ▪ ...	▪ Innovation (v. a. im Privatkunden-Geschäft), Individualisierung ▪ Sinkender Durchschnittsumsatz pro Niederlassung ▪ Schlechte Marktstellung bei Industriekunden ▪ ...
SWOT: Chancen	**SWOT: Gefahren (Risiken)**
▪ Marktbereinigung (Liquiditätsdruck) ▪ Verkauf zusätzlicher Dienstleistungen (Finanzierung ...) ▪ Rückzug der Banken aus dem Versicherungsgeschäft ▪ ...	▪ Liquiditätssituation: Tourismus- und Baukunden ▪ Kleinere Einheiten – relativ steigende Komplexitätskosten ▪ Zunahme staatlicher Regelungen ▪ ...

TOWS

TOWS: Stärken – Chancen	TOWS: Stärken – Gefahren (Risiken)
▪ Akquisition mittelgroßer Versicherungen ▪ Übernahme von Versicherungskunden der Banken ▪ ...	▪ Schrittweiser Rückzug aus der Tourismus-Branche ▪ Zusammenlegung kleiner Einheiten (v. a. in ländlichen Gebieten) ▪ ...
TOWS: Schwächen – Chancen	**TOWS: Schwächen – Gefahren (Risiken)**
▪ Entwicklung des Industriekunden-Geschäfts ▪ Verbesserung der NL-Umsätze durch Marktbereinigung ▪ ...	▪ Forcierung innovativer Lösungen für Industriekunden ▪ Bereinigung des Baukunden-Geschäftsportfolios ▪ ...

6. Lebenszyklus

Zielsetzung und Definition

Ein Markt, ein Produkt, eine Dienstleistung, eine Kundengruppe, eine Region usw. kann in verschiedene Entwicklungsphasen eingeteilt werden: Entwicklung, Wachstum, Reife/Sättigung und Rückgang. Jede Phase erfordert eine andere Vorgehensweise in Strategie, Struktur, Kultur und Führung.

Schlüsselbegriffe und Synonyme

Entwicklungskurve, Lebensphasen-Modell, Lebenszyklus, Lebenszyklus-Kurve, Phasen-Modell, S-Kurve, Substitutionskurve, Substitutionszyklus

Einsatz, Wirkung und Nutzen

- Darstellung und **gemeinsames Verständnis zum Entwicklungsverlauf**
- Hypothesen **zur künftigen Entwicklung**
- **Prüfung der Ausgewogenheit** der Marktleistungen, Kundengruppen ... über den Zyklus
- Festlegung von **Schwerpunkten je Phase**
- Klarheit über **Substitution der Marktleistungen bzw. des Marktes**

Anwendung und Umsetzung

- **Verständigung auf das Untersuchungsobjekt**: Markt, Produkt, Dienstleistung, Kundengruppe ...
- Klassifizierung und **Zuordnung in den Lebenszyklus**
- Entwicklung von **Maßnahmen zur Stärkung der Wettbewerbsfähigkeit** (entsprechend zur Phase)
- Prüfung und **Abgleich mit dem Wettbewerb**
- Weiterentwicklung zur **Substitutionskurve**

Quellen und Links

Aumayr, K.: Erfolgreiches Produktmanagement, Wiesbaden 2016.
Schwenker, B.: Gute Führung: Über den Lebenszyklus von Unternehmen, Frankfurt 2012.

6. Lebenszyklus: Werkzeug und Beispiel (Maschinenhandel)

A. Navigation über den Lebenszyklus

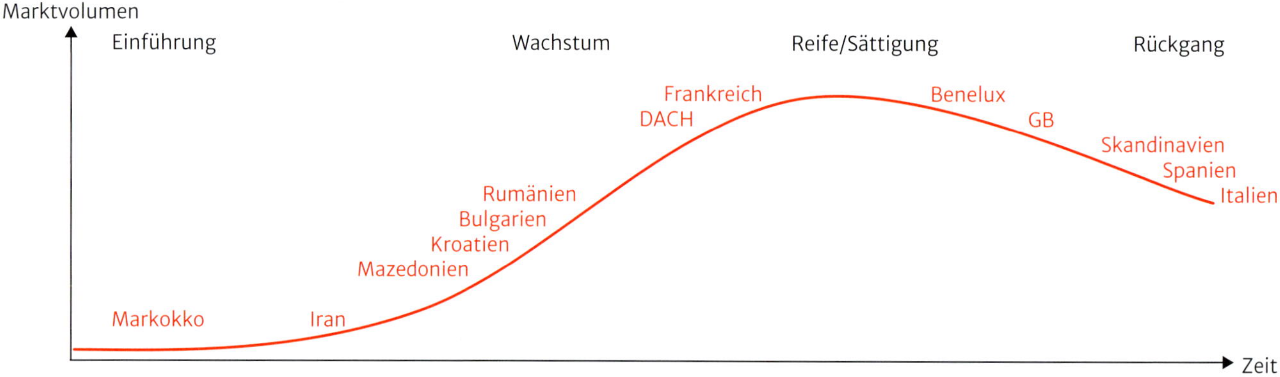

B. Schlussfolgerungen und Maßnahmen

Schlussfolgerungen	Maßnahmen	Termin	Verantw.
1. Schwerpunkt der Regionen in der Sättigungsphase: Erosion der Profitabilität, Preiskampf, zu erwartende Marktbereinigung …	1. Prüfung des „Wettbewerbsmusters“: Preisentwicklung, Zusammenschluss/Aufkauf von Wettbewerbern, Entwicklung Varianten …	30.06.	Mahler
2. Notwendigkeit zur Entwicklung neuer Regionen	2. Entwicklungsplan für die Regionen Marokko, Iran plus Prüfung des Einstiegs in neue Regionen	31.03.	Gehrens
3. Erste Indikatoren für Differenzierung des Marktes in Qualitäts-/Preismarkt und Substitution der Marktleistungen	3. Anpassung der Marktleistungen in Richtung Qualitäts-/Preissegment	…	
4. …	…		

7. Portfolio/Boston-Matrix

Zielsetzung und Definition

Mit dem Portfolio bzw. der Boston-Matrix werden Geschäftsfelder, Marktleistungen, Wettbewerber, Kunden ... klassifiziert. Daraus lassen sich Optionen bzw. Positionierung ableiten. Weit verbreitet ist eine Einteilung der Achsen in Marktattraktivität (Marktvolumen, -wachstum, Wettbewerbsintensität ...) und die relative Wettbewerbsposition (Marktanteil, Kundennutzen, Kostenposition).

Einsatz, Wirkung und Nutzen

- **Breit anwendbar** für Geschäftsfelder, Marktleistungen, Wettbewerber, Kunden, Regionen, Technologien ...
- Darstellung der **Marktverhältnisse**
- Aufzeigen der Konsequenzen für die **Finanzierung**
- **Szenarien-Instrument** (Ist- bzw. Soll-Portfolio)
- Herstellung von **Überblick** und damit eine Entscheidungsbasis

Schlüsselbegriffe und Synonyme

BCG-Matrix, Boston-Matrix, Marktanteils-Marktwachstums-Portfolio, Portfolio, Portfolio-Analyse, Portfolio-Matrix, Portfolio-Technik, Vierfelder-Matrix

Anwendung und Umsetzung

- Festlegung des **Objektes**: Geschäftsfeld, Kunden ...
- Bestimmung der **Beurteilungskriterien** für die Marktattraktivität und die Wettbewerbsstellung
- **Bewertung des Portfolio-Objektes** anhand der Kriterien
- Erstellung des **Portfolios** und Plausibilisierung
- Diskussion der Konsequenzen: **Szenario/mögliche Entwicklung, Umsetzungsmaßnahmen**

Quellen und Links

Hinterhuber, H.: Strategische Unternehmensführung, Teil I, Berlin 2011.
Mondello, E.: Portfoliomanagement, Wiesbaden 2014.

MARKT UND WETTBEWERB

7. Portfolio/Boston-Matrix: Werkzeug und Beispiel (Bank)

Markt-Attraktivität:
Marktvolumen
Marktwachstum
Wettbewerbsintensität
Substitutionsgfahr

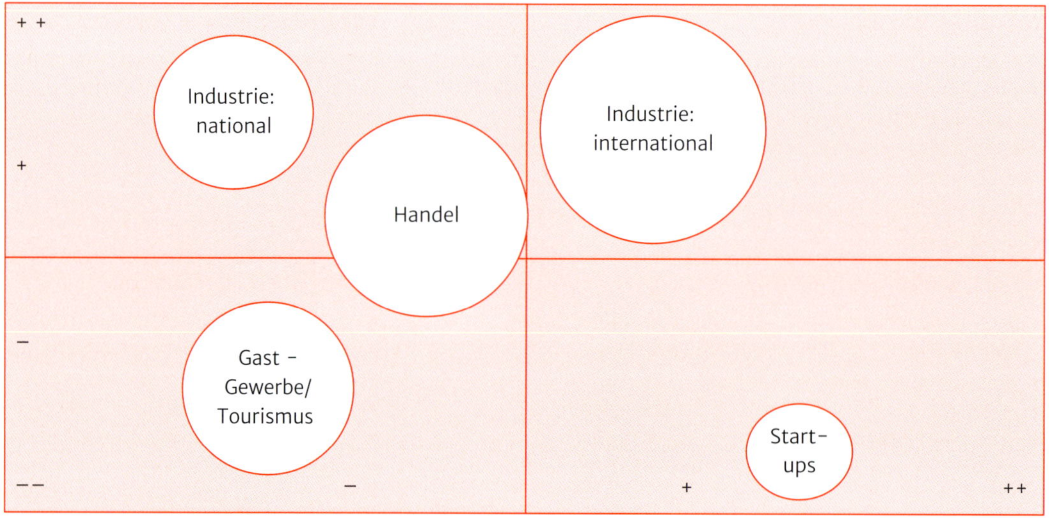

rel. Wettbewerbsstellung: Marktanteil, Kundennutzen, Image, Kostenposition

Schlussfolgerungen und Maßnahmen

Geschäftskunden-Segment	Maßnahmen	Termin	Verantw.
1. Industrie national: schwache Marktstellung in interessantem Geschäftsfeld	Aufbau von 6 bis 8 neuen Referenzkunden plus Prüfung einer Untersegmentierung dieses Kunden-segments	31.12.	Müller
2. Gastgewerbe/Tourismus: sinkende Attraktivität des Geschäftes	Systematischer Ausstieg aus einzelnen Kunden-gruppen	...	

8. Benchmarking

Zielsetzung und Definition

Benchmarking ist ein Verfahren des gezielten Vergleichs einer Organisation mit einer anderen. Der Vergleich bezieht sich auf Strategie, Struktur, Produktivität, Kultur oder Führungsqualität. Der Benchmarking-Partner kann innerhalb oder außerhalb der Branche liegen.

Schlüsselbegriffe und Synonyme

Benchmarking, Best-Practice-Verfahren, Branchenvergleich, Leistungsvergleich, Lessons-Learnt-Methodik, Wettbewerbsvergleich

Einsatz, Wirkung und Nutzen

- **Leistungsvergleich mit den Besten** und „Blick nach außen“
- **Gemeinsamer Lernprozess** über die Stärken, Schwächen und notwendigen Entwicklungsziele
- **Verbesserung der Wettbewerbsfähigkeit** v. a. bzgl. Marktstellung, Innovationsleistung und Produktivität
- Wichtiger Input für **kontinuierliche Verbesserung (KVP)**
- Benchmarking als Teil einer **leistungsorientierten Unternehmenskultur**

Anwendung und Umsetzung

- Klarheit über die Ausgangslage und **Festlegung der Richtung des Benchmarks**
- **Bestimmung geeigneter Benchmarks** – in und außerhalb der Branche, durch Verbände, durch Datenbanken ...
- **Durchführung und Interpretation** des Benchmarks
- Entwicklung von **Zielen und eines Umsetzungsplans**
- **Steuerung der Umsetzung** und Verankerung des Benchmark-Gedankens in der Kultur

Quellen und Links

Berndt, J./Henkel, S.: Benchmarken, München 2016.
Subhash, R.: Benchmarking for Performance Evaluation, New Dehli 2015.

8. Benchmarking: Werkzeug und Beispiel (Maschinenbau)

Benchmark:	Werk Nordamerika				
Verantw./Datum:	C. Miller/31.03.				
A. Benchmark-Erhebung	Bestwert	WIR	Benchmark A	Benchmark B	Benchmark C
1. Fertigungsprozess					
1.1. Durchlaufzeit (DLZ)	72	89	72	78	84
1.2. Werkzeugwechselzeit (WWZ)	120	198	190	120	160
1.3. Ausschuss	4 %	5 %	5 %	7 %	4 %
1.4. ...					...
2. Produktivität				...	
2.1. Wertschöpfung pro MA	180.000	165.000	...		
2.2. Produktion pro Maschine	7.500	...			
2.3. Produktion pro Mitarbeiter	...				
...	...				

B. Umsetzungsprogramm	Maßnahme	Termin	Verantw.	Status
1. Fertigungsprozess				
1.1. Durchlaufzeit (DLZ)	Verbesserung DLZ auf 72	31.10.	Schulz	
1.2. Werkzeugwechselzeit (WWZ)	Optimierung WWZ auf 140 (langfristig: 120)	31.08.	Bowers	
1.3. Ausschuss	Verbesserung Ausschussquote auf 3–4 %	30.06.	Senders	
...				

UNTERNEHMENSZWECK UND STRATEGIE
GESCHÄFTSPLANUNG

Werkzeug-Navigator

1. Leitbild
2. Kernkompetenzen
3. Ansoff-Matrix/Produkt-Markt-Strategien
4. Risiko-Radar
5. Geschäftsfeld-Strategie
6. Unternehmensstrategie
7. Funktionalstrategie
8. BSC – Balanced Scorecard

1. Leitbild

Zielsetzung und Definition

Das Leitbild ist Teil der normativen Führung und definiert den Zweck eines Geschäftes. Im Kern geht es um die Fragen nach dem Bedarf des Marktes, die Stärken im Unternehmen und die Überzeugungen von Mitarbeitern bzw. Führungskräften.

Schlüsselbegriffe und Synonyme

Business Mission, Corporate Mission, Leitbild, Mission, Unternehmensphilosophie, Unternehmenswerte, Unternehmenszweck, Vision

Einsatz, Wirkung und Nutzen

- Klare Darstellung des **Unternehmenszwecks**
- **Kompass** für das Unternehmen
- Langfristige **Orientierung** für: Eigentümer, Management, Mitarbeiter und – je nach Fall – Kunden, Lieferanten, Partner
- **Input** für die Entwicklung von: Strategie, Innovation, Organisation, Führungsprozesse
- Bestandteil der **Unternehmenskultur** (Selbstverständnis, Werte ...)

Anwendung und Umsetzung

- **Sammlung von Kernaussagen** zu den Themen: Bedarf, Stärken, Überzeugung (auch auf Basis eines existierenden Leitbildes)
- Einfache, **klare Formulierung** von Kernaussagen
- **Vermeidung von Allgemein-Plätzen**, Fremdworten und Anglizismen
- Umsetzbare und **überprüfbare Aussagen**
- **Anknüpfungsfähigkeit** der Inhalte mit: Strategie, Innovation, Organisation, Führungsprozessen

Quellen und Links

Harvard Business Review Press: On Strategy, Boston 2011.
Werther, D.: Vision – Mission – Werte: Die Basis der Leitbild- und Strategieentwicklung, Weinheim 2015.

1. Leitbild: Werkzeug und Beispiel (Labor-Engineering)

Bedarf Kundennutzen: Wofür bezahlt der Kunde seine Rechnung?	▪ Die Kunden zahlen ihre Rechnung für Stabilität, für Prozess-Sicherheit und für Produktivität in sämtlichen DV-unterstützten Abläufen. ▪ Wir decken alle Praxis-Anwendungen ab: Qualität von Abläufen/Systemen/Hardware, Steigerung der Produktivität, Sicherstellung behördlicher Anforderungen, effiziente Dokumentationssysteme etc. ▪ Unser Markt sind die produktionsorientierten Industrien mit Qualitätsfokus: Lebensmittel, Pharma und Chemie. Wir machen kein Geschäft in anderen Branchen, Instituten oder Behörden. Unser Markt ist Westeuropa. Andere Regionen werden nur opportunistisch bearbeitet.
Stärken Differenzierung: Wo sind wir spürbar besser im Wettbewerb?	▪ Wir positionieren uns über Qualität und sind preislich in allen Geschäftsaktivitäten im oberen Viertel der Wettbewerber. ▪ Im Wettbewerb sind wir spürbar besser bei: maßgeschneiderten Lösungen für den Kunden, System- und Prozess-Sicherheit, Produktivität, Leistungskompetenz, Beratungskompetenz, Referenzen, Verlässlichkeit, Einhalten von Terminen bzw. Zusagen, Reaktionszeiten, Qualifikation der Mitarbeiter. ▪ Wir messen und vergleichen uns nur mit den Besten aus der Branche bzw. aus vergleichbaren Geschäften.
Überzeugung Sinn: Was treibt uns an und lässt uns Spitzenleistungen erbringen?	▪ Wir verstehen uns als Partner unserer Kunden, um diese in ihrem Geschäft nach vorne zu bringen. Mit unseren Leistungen erhalten die Kunden einen echten Wettbewerbsvorteil. ▪ Unsere Mitarbeiter sind die Mitarbeiter unserer Kunden und stolz darauf, für den Kunden das Beste zu liefern. ▪ Wir sind ein solide aufgestelltes Familienunternehmen in der zweiten Generation und finanziell unabhängig. Bei uns zählen Geradlinigkeit, Vertrauen, Professionalität und Leistung.

2. Kernkompetenzen

Zielsetzung und Definition

Kernkompetenzen sind diejenigen Fähigkeiten, die im Wettbewerb den entscheidenden Unterschied darstellen. Sie sind einzigartig und idealerweise nicht oder schwer imitierbar. Kernkompetenzen sind Grundlage der Positionierung am Markt, der Organisations- bzw. Mitarbeiterentwicklung.

Schlüsselbegriffe und Synonyme

Alleinstellung, Alleinstellungsmerkmal, Differenzierungsmerkmal, Kernkompetenz, Kompetenz, Stärke, USP (unique selling proposition bzw. position)

Einsatz, Wirkung und Nutzen

- Bewusstsein und selbstkritische **Beurteilung der echten Stärken im Wettbewerb**
- Grundlage für **Differenzierung und Positionierung im Markt**
- **Kern der Marke** im Sinn des Leistungsverstprechens
- Basis für **Marketing, Verkauf und Kundenbindung**
- Wesentliches **Element in der Strategieentwicklung**, v. a. hinsichtlich Marktführerschaft und Alleinstellung

Anwendung und Umsetzung

- Klarheit über **Markt bzw. Segmentierung**
- Aufnahme des **Kundennutzens** bzw. der Anforderungen aus Marktsicht
- **Identifikation der jeweiligen Kernkompetenzen** als Basis für Differenzierung und Positionierung
- Entwicklung von **Maßnahmen zum Ausbau der Kernkompetenzen**
- Einbau der Kernkompetenzen in die **Strategie**

Quellen und Links

Hamel, G./Prahalad, C.: The Core Competence and the Corporation, in: Harvard Business Review 68/1990.
Huber, A.: Praxishandbuch strategische Planung, Berlin 2015.

2. Kernkompetenzen: Werkzeug und Beispiel (Telekommunikation)

Kundennutzen bzw. Anforderungen aus Marktsicht	Kernkompetenz (K1-Kn): Differenzierung und Positionierung	Maßnahmen zum Ausbau der Kernkompetenzen	Termin	Verantw.
1. Kompetente Erfüllung der technischen Anforderungen	K1. konsequente Ausrichtung auf Spezifikationen	1.1. Aufbau und Umsetzung eines „Null-Fehler-Programms“	31.03.	Müller
		1.2. Senkung Reklamationsrate auf unter 0,1 %	30.06.	Meier
		1.3. Komplette Neugestaltung der Funktionstests	31.12.	Körner
2. Fehlerlose Instandsetzung und Inbetriebnahme	K1. Konsequente Ausrichtung auf Spezifikationen K2. Perfektion in der Umsetzung für den Kunden	2.1. Prüfung und Verbesserung von Instandsetzung und Inbetriebnahme bei Händlern	30.04.	Hauber
		2.2. Zeitgarantien für Auftragsabwicklung und Installationszeiten	31.08.	Stering
		2.3. Prüfung und Verbesserung Fakturaprozess	30.11.	Keller
3. Kompetenter Service nach Installation	K2. Perfektion in der Umsetzung für den Kunden K3. ...	3.1. Entwicklung und Umsetzung Servicepaket (mit entsprechenden Garantien)	...	...
4. ...	...			

3. Ansoff-Matrix/Produkt-Markt-Strategien

Zielsetzung und Definition

Mit Hilfe der Ansoff-Matrix lassen sich sogenannte Produkt-Markt-Strategien darstellen: Marktdurchdringung, Produktentwicklung, Marktentwicklung, Diversifikation. Dies kann zur Entwicklung von Strategieoptionen oder zur Beurteilung der Ausgewogenheit von strategischen Initiativen verwendet werden.

Schlüsselbegriffe und Synonyme

Ansoff-Matrix, Ansoff-Strategien, Basisstrategien, Kernstrategien, Optionen-Matrix, Produkt-Markt-Matrix, Produkt-Markt-Portfolio, Produkt-Markt-Strategien, Vierfelder-Matrix

Einsatz, Wirkung und Nutzen

- Übersichtliche **Darstellung von strategischen Initiativen** bzw. marktbezogenen Maßnahmen
- Beurteilung von **Erfolgswahrscheinlichkeit und Ressourcen-Einsatz**
- **Check der Ausgewogenheit** von Initiativen, Maßnahmen ...
- Katalysator für **Entwicklung von Ideen**
- **Umfassende Anwendbarkeit** auf Geschäftsfelder, Regionen, Kunden, Marktleistungen ...

Anwendung und Umsetzung

- **Sammlung aller vorhandenen Vorschläge**, Maßnahmen, Initiativen, Schlüsselprojekte ...
- Bewertung und **Einordnung in die Ansoff-Kategorien**
- **Beurteilung** von: Ausgewogenheit, Erfolgs-Wahrscheinlichkeit, Ressourceneinsatz
- **Entwicklung von weiteren Ideen** bzw. Optionen
- **Entscheidung** und Aufnahme der Vorschläge in die Strategie

Quellen und Links

Ansoff, I.: Corporate Strategy, New York 1965.
Joppich, M.: Wettbewerbsstrategien für neue Produkte und neue Märkte, Münster 2010.

3. Ansoff-Matrix/Produkt-Markt-Strategien: Werkzeug und Beispiel (Versicherung)

	Aktuelle Märkte	Neue Märkte
Aktuelle Markt-Leistungen	**Marktdurchdringung** 1. Kundenbindungsprogramm für die Geschäftskunden KMU (erweiterte Deckungen, Zusatzservices ...) 2. Produktivitätssteigerung für Standardlösungen im Leben und Nichtleben-Geschäft (Geschäftsprozesse, Automatisierung Abläufe ...) 3. Gezieltes Abwerben der Wealth-Kunden von den Wettbewerbern A, B 4. ...	**Marktentwicklung** 1. Erschließung der Segmente der DINKs (double income, no kids) 2. Forcierung des begonnenen Ausbaus der Jugendlichen (v. a. KfZ, Unfall ...) 3. Entwicklungsprogramm für das Home-Office-Geschäftsfeld auf Basis bestehender Lösungen (Gesamtpakete Leben und Nichtleben) 4. ...
Neue Markt-Leistungen	**Produktentwicklung** 1. Neue, umfassende Paketlösungen für das Segment „Familien" 2. Gezielte Verbesserung der Produkte: Mobilität, Wohnen, Immobilien, Vermögensaufbau 3. Gezielter Ausbau der hochmargigen Produkte im Segment „wealth 30+" und Schließung der Vorsorgelücken bei „wealth 45+" 4. ...	**Diversifikation** 1. Pilothafte Beteiligung am Privatklinikum-Konzern X 2. „Testprojekte" mit der Beratungsfirma Y in den Geschäftssegmenten 3. Beteiligung am Klimaforschungsinstitut Z (Projektbeteiligungen) 4. ...

4. Risiko-Radar

Zielsetzung und Definition

Im Risikomanagement geht es um die Identifikation, Bewertung, Vermeidung und Steuerung von Risiken. Risiko-Arten beziehen sich auf: Umfeld, Strategie, Struktur, Kultur, Führung, Marktleistungen, Kunden, Lieferanten ...

Schlüsselbegriffe und Synonyme

Risiko-Audit, Risiko-Management, Risiko-Monitoring, Risiko-Portfolio, Risiko-Radar, Risiko-Steuerung

Einsatz, Wirkung und Nutzen

- **Systematisches Durchdenken** der geschäftlichen Risiken
- Identifikation und **Klarheit über die Risiko-Arten** unterschiedlicher Dimensionen
- **Gemeinsame Einschätzung des Managements** bzgl. Risiko-Arten und Maßnahmen
- Schlüsselwerkzeug für **Risikomanagement und Risikocontrolling**
- Risiko-Radar als **Fixpunkt in jeder Strategie und jedem Veränderungsprojekt**

Anwendung und Umsetzung

- Gemeinsame **Erarbeitung aller relevanten Risiko-Arten** (über alle Risiko-Felder)
- Konkrete **Aussagen pro Risiko** (idealerweise grob quantifiziert)
- **Entwicklung von Maßnahmen** zur Vermeidung, Verzögerung, Umlenkung bzw. Verminderung der Risiken
- Überleitung der Maßnahmen in die **Führungsprozesse** (Jahresziele, Umsetzungscontrolling ...)
- Mindestens **jährliche Aktualisierung des Risiko-Radars**

Quellen und Links

Brauweiler, H.: Risikomanagement im Unternehmen, Wiesbaden 2015.
Vanini, U.: Risikomanagement: Grundlagen – Instrumente – Unternehmenspraxis, Stuttgart 2015.

4. Risiko-Radar: Werkzeug und Beispiel (Tiernahrungsindustrie)

Risiko-Feld	Risiko-Arten	Maßnahme	Termin	Verantw.
1. Risiken im Umfeld (wir., ges., techn., gesetzl. etc..)	1. Neue gesetzliche Anforderungen, v. a. bzgl. Produktion, Qualität und Zölle	Halbjährlicher Bericht der Stabsabteilung „Recht" und „Unt.-Entwicklung" (inkl. Vorschläge)	31.03./30.09.	Koller
	2. …			
2. Risiken bzgl. Strategie	1. Preiserosion im Segment „Pflegeleichte Haustiere" (5 % p. a.)	Forcierter Einstieg in das Pet-commodity-Segment	31.12.	Bellmann
	2. …			
3. Risiken bzgl. Struktur	1. Verzögerung bei der Vereinheitlichung der Systemlandschaften	Monatlicher Integrationsworkshop mit dem Top-Management	30.04.	Sapper
	2. …			
4. Risiken bzgl. Kultur und Führung	1. Fehlende Bereitschaft bzw. Ernsthaftigkeit der dezentralen Einheiten zur Umsetzung des neuen Geschäftsmodells (Folge: 90 % Erreichung der Umsatzziele)	Festhalten der Prozess-Ziele in den Zielvereinbarungen des jeweiligen Managements und Einführung unregelmäßiger Prozess- und Wirkungs-Audits	30.09.	Sahl
	2. …			
5. Risiken bei Marktleistungen	1. Verzögerungen bei der Einführung der neuen Premium-Linie für Hauskatzen	Wochenbericht für Geschäftsführung mit folgenden Inhalten: 1) Stand der Umsetzung, 2) notwendige Interventionen, 3) Ausblick	per sofort	Mahlke
	2. …			
6. Risiken bei Kunden, Lieferanten, Konkurrenten	1. …			

5. Geschäftsfeld-Strategie

Zielsetzung und Definition

In der Geschäftsfeld-Strategie werden alle Ziele, Mittel und Maßnahmen dargestellt, welche die langfristige Lebensfähigkeit eines Geschäftsfeldes sicherstellen. Der Aufbau orientiert sich an: strategischen Stoßrichtungen, strategischen Herausforderungen, strategischen Eckdaten, Positionierung (Marketing-Mix), Anforderungen an Funktionen, Maßnahmen, Ressourcen.

Schlüsselbegriffe und Synonyme

Basis-Strategie, Businessplan, Business-Strategie, Geschäftsstrategie, Geschäftsfeld-Strategie, Segment-Strategie, SGF-Strategie (SGF: strategisches Geschäftsfeld), Strategie

Einsatz, Wirkung und Nutzen

- Eine **klare Strategie für ein Geschäftsfeld** eines Unternehmens (gebildet nach Marktleistung, Kunden, Regionen ...)
- Notwendiges **Basiselement jeder Unternehmensstrategie**
- Kern der wichtigsten **Ziele, Projekte und Aufträge**
- Vorgabe für **Mittelfristplan und Budgetierung**
- **Wesentlicher unternehmerischer Input** für: Organisation, Funktionen, Prozesse, Personal-Entwicklung, Controlling

Anwendung und Umsetzung

- Entwicklung der **strategischen Herausforderungen und zentralen Stoßrichtungen** als Kern der Strategie
- Grobe **Quantifizierung der Strategie** durch die Eckdaten
- Ableitung der **Positionierung in Form des Marketing-Mix** („4P“: Produkt, Preis, Promotion, Place)
- Darstellung der **Anforderungen an Funktionen**
- Erarbeitung der notwendigen **Maßnahmen und Mittel** als Basis für Umsetzung bzw. Umsetzungscontrolling

Quellen und Links

Scheuss, R.: Handbuch der Strategien: 220 Konzepte der weltbesten Vordenker, Frankfurt 2012.
Sternad, D.: Strategieentwicklung kompakt, Wiesbaden 2016.

5. Geschäftsfeld-Strategie: Werkzeug und Beispiel (Versandhandel)

1. Stoßrichtungen	
Stoßrichtung	**Ziele**
1. Marktentwicklung Frankreich	▪ Erreichen von 5 % Marktanteil bis 201x, von 10 % Marktanteil bis 201y in Frankreich ▪ Kooperation mit nationaler Discountkette (eigen bewirtschaftete Regalmeter im Nonfood-Bereich) ▪ ab 201x: 15 eigene Läden in den größten Städten (siehe eigene Ausarbeitung)
2. Marktdurchdringung mit eigenen Läden	▪ bis 201y: 40 eigene Läden in D und A (in Einkaufszentren bzw. frequentierten Hauptplätzen) ▪ Aufbau Franchise-System ▪ Zielumsatz pro Laden pro Jahr: 0,7 Mio. Euro
3. Verstärkung Sortiment „Buch, Hören und Sehen“	▪ Ausbau des Sortiments auf 15 Mio. Euro Umsatz bis 201x ▪ Abwicklung des Bereichs „Buch“ über die Internet-Plattform „Interbook“ als Logistikpartner
4. Fokussierung der eigenen Logistik	▪ Auslagerung des Zubringer- und Versendungsdienstes ▪ Streichung des Möbelsortimentes aus der eigenen Logistik, Direktlieferung durch Hersteller ▪ komplette Streichung des Sortiments „Arbeitsplatz“

2. Strategische Herausforderungen	
Schlüsselgröße	**Strategische Herausforderungen**
1. Marktstellung	▪ beginnende Internationalisierung des Marktes ▪ schwindende Kundenbindung im Markt
2. Innovationsleistung	▪ stärkere (und wechselnde) Fokussierung des Sortiments auf einzelne Kundengruppen ▪ Entwicklung des Geschäftsmodells: Verlagerung von Logistik-/Bewirtschaftungsleistungen, eigene Läden
3. Produktivitäten	▪ Komplexitätsfalle in den Sortimenten/notwendige systematische Müllabfuhr ▪ Steigerung der Mitarbeiterproduktivität
4. Attraktivität für gute Leute	▪ Finden und Binden von gutem Personal für das Auslandsgeschäft ▪ Steigerung der Führungsqualitäten
5. Liquidität	▪ weiterer Druck auf Umsatzmarge (1,1 %)/Notwendigkeit von steigendem Warenumschlag (auf 19 %) ▪ Verschlechterung des Zahlungsverhaltens bei Kunden

5. Geschäftsfeld-Strategie: Werkzeug und Beispiel (Versandhandel)

3. Strategische Eckdaten

	Jahr 1	Jahr 2	Jahr 3
Marktvolumen (in Mio. Euro)	2.600	2.700	2.850
Marktanteil	5	10	10
Netto-Umsatz (in Mio. Euro)	130	270	285
Anzahl Läden	20	55	60
Einkauf, Fremdleistungen	116	243	250
Wertschöpfung (Umsatz minus Einkauf; in Mio. Euro)	14	27	35
Investment	10,5	19,5	25,3
Investment-Intensität (Investment/Wertschöpfung)	0,75	0,72	0,72
Vollzeit-Arbeitskräfte	80	147	189
Mitarbeiter-Produktivität (Wertschöpfung pro Kopf)	175.000	183.700	185.200
Betriebsergebnis (in Mio. Euro)	1,5	3,1	3,2

4. Positionierung

Marketing-Mix	Ziele
1. Leistungs-politik	▪ Top-Sortiment: 90 % Markenware, 10 % Private Label Ware ▪ Top-Service: beste Kundenbewertungen bzgl. Lieferzeiten, Lieferauskunft
2. Preispolitik	▪ durchschnittlich 5 % unter stationärem Fachhandel ▪ keine Kredite, Skonti, Rabatte ... bei Einzelbestellungen plus Schaffung attraktiver Mengen-Modelle (Preis ...)
3. Kommuni-kationspolitik	▪ Fokus: Hauptkatalog, Nachfasser und spezielle Mail-Aktionen für Zielgruppen (Kindergärten ...) viermal jährlich ▪ eigene Läden als Image- und Qualitätsträger
4. Distribu-tionspolitik	▪ regional begrenzte Kooperationen mit Lebensmitteleinzelhandel (Bsp. Discounter in Frankreich und Süd-D) ▪ Repräsentationsläden in größeren Städten (nach Testphasen jeweils als Franchise-Modell)

5. Geschäftsfeld-Strategie: Werkzeug und Beispiel (Versandhandel)

5. Anforderungen an die Funktionen	
Funktion	**Anforderungen an die Funktion**
1. Einkauf	▪ deutliche Optimierung der Einkaufskonditionen aufgrund Expansion ▪ weitestgehende Streichung regionaler Sortimente bzw. von Spezial-Sortimenten ▪ klare Aufgabenverteilung: Zentraleinkauf und Einkauf Läden
2. Logistik	▪ komplette Auslagerung des Zubringer- und Versendungsdienstes an TransLog bis 201x ▪ Streichung des Möbelsortimentes aus der eigenen Logistik, Direktlieferung durch Hersteller ▪ Aufbau Zulieferlogistik für Läden (Zwischenläger ...)
3. Vertrieb/Marketing	▪ Professionalisierung: Nachfasser-Kataloge, Mailings ▪ Aufbau Franchise-System (Verträge, Entwicklung ...) ▪ Gestaltung Marktauftritt und Werbung der Läden
4. Qualitätssicherung	▪ Einführung Qualitätszirkel und konsequente Qualitätsmessung ▪ Niveauverbesserung: Lieferauskunft, Telefonie ▪ Einbindung aller Partner und Franchise-Nehmer in Qualitätspolitik
5. IT	▪ systemtechnische Integration der Marktentwicklung Frankreich ▪ Anbindung des Systempartners TransLog und der Möbelhersteller (Logistik- und Lieferkette) ▪ Anbindung der Franchisenehmer und Interbook
6. Personal	▪ Personaloptimierung: IT, Telefonie, Personal für Ausland ▪ Steigerung Management-Qualität: Führungskräfte-Entwicklungsprogramm, Coaching ... ▪ Führungs- und Personalentwicklung für Franchise-System
7. Rechnungswesen	▪ Sicherstellung ordnungsgemäßer Rechnungslegung für Frankreich ▪ Sicherstellung ordnungsgemäßer Rechnungslegung der Läden ▪ Professionalisierung Cash-Management
8. Führung/Controlling	▪ einfache Controlling-Systeme für: Systempartner (Logistik, Vertrieb), Franchise-Nehmer ▪ einfaches, dezentrales Controllingsystem für Franchise-Nehmer

5. Geschäftsfeld-Strategie: Werkzeug und Beispiel (Versandhandel)

6. Maßnahmen (Beispiel: Funktion Logistik)				
Nr.	**Logistik: Aufgabe**	**Termin**	**Verantw.**	**Status**
1	Logistik: Schließung des eigenen Zubringerdienstes: ▪ Verkauf LKW ▪ Auflösung Leasing-Verträge und Mieten	31.08.	Müller	
2	Logistik: Übertragung des Versendungsgeschäfts an TransLog: ▪ Übergang Verträge mit Postdienst (neuer Partner) ▪ Abrechnungs- und Provisionsmodell	31.08.	Walter	
3	Logistik: Sicherstellung der Qualität mit TransLog: ▪ Qualitätsvorgaben und -audit ▪ Vertragsstrafen/Boni	31.08.	Walter	
4	Logistik: Auflösung der eigenen Möbellogistik: ▪ Auflösung Mietverträge ▪ Verkauf Lagersysteme (insbes. Regallogistik)	31.10.	Dolan	
5	Logistik: Umsetzung „Logistikmodell Möbel“: ▪ Direktlieferung durch Hersteller/Auftragssteuerung ▪ Service-/Montage-/Ersatzteildienst	31.10.	Dolan	

7. Mittel (Beispiel: Funktion Einkauf)		
Nr.	Einkauf: Ressourcen	Kosten in Euro
1	fünf zusätzliche Einkäufer (parallel mit Spezialisierung auf Sortimente)	400.000 p. a.
2	Systemkosten: ▪ neue Einkaufsplattform ▪ jährliche Wartung, Optimierung etc.	 120.000 einmalig 10.000 p. a.
3	Streichung regionaler Sortimente (vgl. Liste): Auflösung Verträge, Bezahlung Vertragsstrafen (vorzeitige Vertragsauflösung)...	200.000 einmalig

6. Unternehmensstrategie

Zielsetzung und Definition

In der Unternehmensstrategie werden unternehmerische Gesamtziele dargestellt und Geschäftsfeld- bzw. Funktionalstrategien konsolidiert. Inhalt und Tiefe hängen fundamental vom Diversifizierungsgrad und der Segmentierungslogik des Unternehmens ab.

Schlüsselbegriffe und Synonyme

Corporate Strategie, Gesamtplan(ung), Gesamt-Strategie, Strategie, Unternehmenskonzept, Unternehmensplan(ung), Unternehmensstrategie

Einsatz, Wirkung und Nutzen

- Zusammenfassung und **Abgleich der einzelnen Geschäftsfeld-Strategien**
- Priorisierung als **Geschäftsportfolio**: Zuteilung von Ressourcen, Umsetzung von Schlüsselthemen
- Grundlage für die **Unternehmensbudgetierung**
- Identifikation von **Aufträgen an (Zentral-)Funktionen**
- Agenda für das **Top-Management und für die Unternehmensaufsicht** (Umsetzung, Risiko ...)

Anwendung und Umsetzung

- Entwicklung der **Unternehmensziele**
- Zusammenfassung und Prüfung der Geschäftsfeld-Strategien (Vollständigkeit, Schlüssigkeit) und Darstellung der **Stoßrichtungen der Geschäftsfelder**
- Grobe **Quantifizierung der Strategie** durch die Eckdaten
- Ableitung der **Anforderungen an Organisation und Führung**
- Erarbeitung der notwendigen **Maßnahmen und Mittel** als Basis für die Umsetzung bzw. Umsetzungscontrolling

Quellen und Links

Hinterhuber, H.: Strategische Unternehmensführung: Das Gesamtmodell für nachhaltige Wertsteigerung, Berlin 2015.
Krüger, W.: Unternehmensführung: Grundlagen des Managements, Stuttgart 2016.

6. Unternehmensstrategie: Werkzeug und Beispiel (Software-Entwickler)

1. Unternehmensziele	
Schlüsselgröße	**Unternehmensziel**
1. Marktstellung	▪ Umfassende Marktdurchdringung in Deutschland, Österreich und Schweiz in allen Geschäftsfeldern ▪ neue Vertriebs- und Servicebüros in: Köln, Linz, Basel ▪ Umstellung des Vertriebs auf Geschäftsfeldvertrieb ▪ Einführung Key Account Management für A-Kunden
2. Innovationsleistung	▪ Aufbau eines markt- und geschwindigkeitsorientierten Innovationsprozesses (v. a. für: „Consult.Pro", „Akquisoft 1.0", „Advocat 2.0")
3. Produktivitäten	▪ Erreichung eines Verhältnisses direkt produktiver zu indirekt produktiven Mitarbeitern von 4:1 ▪ Mitarbeit im KVP-Zirkel „ProductivityNet" ▪ Senkung der Fluktuation bei Neueintritten unter 15 % und bei allen anderen unter 10 % jährlich
4. Attraktivität für gute Leute	▪ systematischer Aufbau von: Fachkarriere, Mobilität zwischen den Standorten ▪ Einführung Führungskräfte-Entwicklungsprogramm ▪ Neuregelung der Partnerverträge
5. Liquidität	▪ Eigenfinanzierung und Unabhängigkeit als unternehmerisches Ziel ▪ operativ: Verbesserung des Fakturierungsprozesses bzw. des Cash-Managements
6. Gewinn-Erfordernis	▪ Ziel: DB II von mindestens 30 %
2. Stoßrichtungen der Geschäftsfelder	
Geschäftsfeld	**Stoßrichtungen**
1. Unternehmens-beratung	▪ Marktdurchdringung durch das neue „Consult.Pro" ▪ Vermarktung der integrierten Software- und Datenbanklösung „Akquisoft 1.0"
2. Steuerberatung/ Wirtschaftsprüfung	▪ Steigerung Marktanteil von 8 % auf 11 % (Kernmarkt) ▪ Marktdurchdringung: Österreich
3. Rechtsanwälte/ Notare	▪ Entwicklung/Markteinführung „Advocat 2.0" ▪ Kauf und Integration „Brecht & Partner"

6. Unternehmensstrategie: Werkzeug und Beispiel (Software-Entwickler)

3. Strategische Eckdaten für das Gesamtunternehmen			
	Jahr 1	Jahr 2	Jahr 3
Netto-Umsatz (in Mio. Euro)	140	150	165
Projekte größer 100.000 Euro in Prozent aller Projekte	35 %	45 %	60 %
Umsatz pro direkt produktivem Mitarbeiter	360.000	370.000	380.000
Marktanteil	15 %	17 %	19 %
Vollzeit-Arbeitskräfte	550	590	620
Personalkosten (in Mio. Euro)	84	91	98
DB I	56	59	67
DB I in Prozent des Netto-Umsatzes	40 %	39 %	41 %
Sonstige Kosten	15	15	17
DB II	41	44	50
DB II in Prozent des Netto-Umsatzes	29 %	29 %	30 %

4. Anforderungen an Organisation und Führung	
Organisation und Führung	**Ziele**
1. Dezentrale Funktionen in den Geschäften	Vertrieb, Entwicklung, Service, Marketing, Personalentwicklung, Führung/Controlling der SGF
2. Zentrale Funktionen im Unternehmen	Grundlagenentwicklung, Unternehmensentwicklung, Führungskräfte-Entwicklung, Marketing (bzgl. Marke, CI, PR, Lobbying), Führung/Controlling der Gruppe
3. Professionalität in der Führung	▪ funktionierender Innovationsprozess ▪ Professionalisierung/Erhöhung der Kontakte bzw. Abschlüsse im Vertrieb (für alle Geschäfte) ▪ Führungskräfte-Entwicklungsprogramm
4. Professionalität in der Umsetzung	▪ Einführung von Qualitätsprüfung in jedem Projekt ▪ durchgängiges Zielvereinbarungssystem bis Ebene Junior Consultant

6. Unternehmensstrategie: Werkzeug und Beispiel (Software-Entwickler)

5. Maßnahmen

Nr.	Aufgabe	Termin	Verantw.	Status
1.	Systematische Müllabfuhr: Balanced Scorecard, Mitgliedschaft in „Softquality" (Sicherung bestehender Daten)	30.04.	Möller	
2.	Etablierung eines Innovationsprozesses und deutliche Erhöhung der Geschwindigkeit/Transparenz	31.05.	Tresko	
3.	Verhandlungen und Abschluss des Kaufes „Brecht & Partner" (operative Integration durch SGF „Rechtsanwälte/Notare")	31.05.	Stoll-berger	
4.	Einführung Key Account Management für definierte A-Kunden (inkl. Kundenübergabe, Akquisitionspläne, Honorierung ...)	31.07.	Kortüm	
5.	Einführung dezentralisierter Vertrieb in allen SGF (inkl. Klärung Regionen, Spielregeln ...)	31.07.	Kortüm	
6.	Durchgängige Führungssysteme in allen Geschäften: Zielvereinbarung bis Ebene Junior Consultant, Projektprüfung	31.10.	Baumann	
7.	...			

6. Mittel

Nr.	Ressourcen	Kosten in Euro
1.	Angenommener Kaufpreis für „Brecht & Partner"	10,5 Mio. (einmalig)
2.	Erweiterung Infrastruktur: Büros in A, B, C	1,2 Mio. (p. a.)
3.	Führungskräfte-Entwicklungsprogramm	0,3 Mio. (p. a.)
4.	Projektkosten für zentrale Projekte (50 % tatsächliche Zusatzkosten, 50 % Alternativkosten): z. B. Innovationsprozess, Rechnungsprozess, KAM ...	0,5 Mio. (p. a.)
5.	Zentrale Marketingkosten (z. B. für umfassende Marktdurchdringung in DACH)	1,0 Mio. (p. a.)
...	...	...

7. Funktionalstrategie

Zielsetzung und Definition

Die Funktionalstrategie ist die Zukunftsplanung einer unternehmerischen Funktion. Dies kann entweder zentralisierte Funktionen betreffen oder dezentrale Funktionen in den Geschäftsfeldern. Schlüsselprozesse können in derselben Logik ausgearbeitet werden.

Schlüsselbegriffe und Synonyme

Abteilungsprogramm, Abteilungsstrategie, Bereichsprogramm, Bereichsstrategie, Funktionalprogramm, Funktionalstrategie, Prozessstrategie

Einsatz, Wirkung und Nutzen

- Klarheit über **Kernleistungen und Beiträge einer Funktion**
- Steigerung der **Kundenorientierung** der Funktion
- Grundlage für **Organisaton und Führung einer Funktion**
- Anwendbarkeit auf **unterschiedlichen Ebenen**: Geschäftsfeld, Unternehmen, Innovationen, Projekte ...
- Integraler **Bestandteil jeder Unternehmensstrategie** und jedes Führungssystems

Anwendung und Umsetzung

- **Beurteilung der Ausgangslage** für eine Funktion
- Klare Darstellung des **Auftrags an die Funktion** aus der Geschäftsfeld- und der Unternehmensstrategie
- Identifikation der **internen bzw. externen Kunden der Funktion**
- Darstellung von **Organisation und Reporting**
- Entwicklung der **Ziele, Mittel und Maßnahmen**

Quellen und Links

Kaplan, R./Norton, D.: Der effektive Strategieprozess, Frankfurt 2009.
Stöger, R.: Strategieentwicklung für die Praxis, Stuttgart 2010.

7. Funktionalstrategie: Werkzeug und Beispiel (Controlling)

1. Beurteilung der Ausgangslage

- unkoordinierte Verteilung von Aufgaben, Kompetenzen und Verantwortlichkeiten bzgl. Controlling über mehrere Stellen und Hierarchien
- unterschiedliche Controlling-Kompetenzen an mehreren Stellen
- unterschiedliche Planungszyklen (halbjährlich, quartalsweise, rollierend)
- keine durchgängige Ablage relevanter Daten im Controlling-Workflow (Insellösungen) aufgrund Redundanzen
- zu hohe Kosten für die Controlling-Aufgaben

2. Auftrag an die Funktion

- Das Controlling sorgt für Aufbau und Umsetzung eines einheitlichen Führungssystems.
- Es unterstützt damit die Führungskräfte maßgeblich in der Entscheidungsfindung.
- Die Schlüsselprojekte des Unternehmens werden vom Controlling zentral geprüft.

3. Kunden

- Vorstand/SGF-Leiter
- alle Führungskräfte bis auf Ebene Abteilungsleiter
- Projektreporting: Vorstand und alle Führungskräfte

4. Organisation und Reporting

- Das Controlling berichtet an den Vorstand und ist den Leitern der SGF (gleichzeitig Mitglieder des Vorstandes) verantwortlich.
- Das Controlling steht unter der Leitung von M. Müller (Stv. S. Beck).
- Monatlich findet die Controllingrunde (inkl. Vorstand) statt (jeder erste Mittwoch p.m.).

7. Funktionalstrategie: Werkzeug und Beispiel (Controlling)

5. Ziele

- Aufbau und „Betrieb" eines einheitlichen Führungssystems (Integration MIS, BSC, Zahlengenerierung, Sitzungsreporting) inkl. vergleichbarer Planungszyklen
- Unterstützung der Führungskräfte bei operativer/strategischer Planung, Soll-Ist-Vergleichen und anderen Entscheidungshilfen (Erhöhung der Planungsgenauigkeit um 20 % im ersten Jahr)
- Steuerung der definierten Schlüsselprojekte für das Unternehmen
- Reduktion des Spartencontrollings und gänzliche Übernahme aller Controlling-Aufgaben ab 201x (Festschreibung der Aufgaben, Kompetenzen und Verantwortlichkeiten für alle Controlling-Aufgaben)
- Reduktion der Fixkosten für alle Controlling-Aktivitäten um 25 % (Basis: Aufwände für Spartenctrl., zentrales Ctrl., Ctrl.-Aufgaben in RW)

6. Mittel

Ressourcen (p. a.)	Kosten in Euro
1. Infrastruktur (ab 31.10.)	120.000 p. a.
2. Vereinheitlichung der Systeme (v. a. Schnittstellen) inkl. Anschaffung Soft- und Hardware	150.000 einmalig
3. Ausbildungskosten	20.000 einmalig

7. Maßnahmen

Nr.	Aufgabe	Termin	Verantw.	Status
1.	Kompletter Personalreview aller Controller (plus Controlling-Stellen)	28.02.	Müller	
2.	Herstellung der durchgängigen Funktionsfähigkeit und Verwendung des Controlling-Workflows (Dokumentenmanagement, Vereinheitlichung Berichtsoberflächen)	31.05.	Beck	
3.	Umsetzung des einheitlichen Controlling-Systems und der Reports (inkl. Integration aller relevanten Informationsquellen)	30.06.	Müller	
4.	Umsetzung der rollierenden Planung in allen SGF	30.06.	Müller	
5.	Umsetzung des Projektmanagement-Systems	31.10.	Gerold	

8. BSC – Balanced Scorecard

Zielsetzung und Definition

Die Balanced Scorecard ist eine Methodik zur Darstellung und Umsetzung strategischer Ziele. Die traditionellen Scorecards sind: Markt, Prozesse, Kultur, Finanzen. Die BSC dient nicht zur inhaltlichen Erarbeitung von strategischen Zielen, sondern zu ihrer Operationalisierung, v. a. für das Umsetzungscontrolling.

Schlüsselbegriffe und Synonyme

Balanced Scorecard, BSC, Management-Cockpit, Scorecards, Strategie-Cockpit, Strategie-Scorecards, Umsetzungscockpit

Einsatz, Wirkung und Nutzen

- Integraler **Bestandteil einer Strategie**
- Einsatz als **Management-Agenda für Umsetzung und Umsetzungscontrolling**
- **Intuitives Management-Cockpit**, v. a. zur Darstellung größerer Zusammenhänge
- Einfaches und **wirksames Kommunikationsinstrument**
- **Anpassbar in Ausmaß und Dimension** an die speziellen Management-Erfordernisse

Anwendung und Umsetzung

- Beschaffung der **strategischen Ziele** und aller vorhandenen Aussagen bzgl. Quantifizierung und Maßnahmen
- **Aufbau der Scorecard-Logik** mit den strategischen Zielen und den entsprechenden Kennzahlen
- Konkretisierung der Scorecard **über Treiber, Zielwerte und Maßnahmen**
- Einbau der BSC in das **strategische- bzw. Umsetzungs-controlling**
- Verankerung der Maßnahmen in den **Zielvereinbarungen**

Quellen und Links

Friedag, H.,/Schmidt, W.: Balanced Scorecard. Einfach konsequent, Freiburg 2014.
Kaplan, R./Norton, D.: Putting the Balanced Scorecard to Work, in: Harvard Business Review, 09/2013.

8. BSC – Balanced Scorecard: Werkzeug und Beispiel (Logistik-Unternehmen)

Strategisches Ziel	Kennzahl	Treiber/Zielwert	Maßnahme	Termin	Verantw.
Scorecard 1: Markt					
1.1. Steigerung Marktanteil in CEE (Marktdurchdringung)	▪ Marktanteil ▪ Bekanntheitsgrad ▪ Image	Ausbau des Marktanteils in CEE im Industriekunden-Geschäft auf 10 %	Akquisition von 10 neuen Kunden in Polen/Tschechei	31.12.	Scheel
			Vorwärtsintegration der Logistik bei Industrielieferanten in Richtung OEM (20 Kunden)	31.12.	Günz
1.2. Marktentwicklung Nordamerika	▪ Akquisition von Referenzkunden ▪ Bekannheitsgrad	...			
1.3. ...					
Scorecard 2: Prozesse					
2.1. Ausbau der stärksten Position in der Kommissionierung	▪ Produktivität ▪ Lagerumschlag ▪ Fehlerquote	Steigerung des Outputs für Kommissionierer um 15 %	Optimierung des Stücklistensystems	31.07.	Bauer
			Umsetzung des neuen Prämiensystems für Kommissionierer	30.09.	Gasser
2.2. Beste DLZ in der Branche	▪ Durchlaufzeiten in den Prozessen ▪ Response-Zeiten	...			
2.3. ...					
Scorecard 3: ...					

INNOVATION UND GESCHÄFTSENTWICKLUNG
ERNEUERUNGSFÄHIGKEIT

Werkzeug-Navigator

1. Substitutionsradar
2. Innovationssteckbrief
3. Markterfolgsprofil einer Innovation
4. Innovieren des Geschäftsmodells
5. Innovieren in kleinen Schritten
6. Innovations- und Start-up-Strategie

1. Substitutionsradar

Zielsetzung und Definition

Wenn existierende Lösungen bzw. Marktleistungen von neuen abgelöst werden, liegt eine Substitution vor. Diese Veränderung von Märkten ist Grundlage jeder Innovation. Typischerweise verläuft die Substitution in Form von zwei sich überlagernden Lebenszyklus-Kurven (Substitutionszeitkurven).

Schlüsselbegriffe und Synonyme

Innovationsanalyse, Substitutionslandkarte, Substitutionsradar, Transformationslandkarte, Transformationsradar

Einsatz, Wirkung und Nutzen

- Klarheit über den **Reifegrad des relevanten Marktes**
- Einschätzung der **Innovationsnotwendigkeit der aktuellen Lösungen** bzw. Marktleistungen
- Finden des **richtigen Zeitpunktes für das Innovieren**
- Herstellung einer **gemeinsamen Sicht auf die Notwendigkeit für Innovation** bzw. Transformation
- Notwendiger **Bestandteil in Innovationsstrategie, Marktanalyse, Riskio-Radar**

Anwendung und Umsetzung

Entwicklung des Bewertungsrasters mit den Polaritäten „Alte Welt/Status quo“ und „Neue Welt/Substitution“
Bewertung des Geschäfts(modells) mit diesen Polaritäten
Bildung einer Meinung mit Management in Form eines **Fazits zur Substitution**
Ableitung von ersten **Ansatzpunkten für die Innovation**
Weiterentwicklung des Substitutionsradars bis zur **Innovationsstrategie**

Quellen und Links

Malik, F.: Navigieren in Zeiten des Umbruchs, Frankfurt 2015.
Stöger, R.: Innovationsmanagement für die Praxis, Stuttgart 2011.

1. Substitutionsradar: Werkzeug und Beispiel (Bank)

Faktor	Alte Welt/Status-quo	Profil	Neue Welt/Substitution
1. Lebenszyklus des Marktes	Einführungs-, Wachstumsphase		Sättigungs-, Rückgangsphase
2. Anzahl an Konkurrenten	wächst stark oder stagniert		geht stark zurück, Konzentration
3. Wettbewerbsintensität, Preiskampf	gering		deutlich ausgeprägt
4. Qualität aus Kundensicht	bekannt, greifbar		gesetzt, vergleichbar
5. Sortimente, Varianten, Ideen	eng, begrenzt, wenige		breit, offensiv, viele
6. Bestehende Lösungen	gerade eingeführt, bestehend		sehr lange etabliert
7. Innovationen aus heutigen Lösungen	relativ einfach möglich		nicht mehr möglich
8. Standardisierung, Erfahrungseffekte	gegeben, möglich		stark ausgereizt
9. Fundamental neue Leistungen	werden nicht wahrgenommen		deuten sich an, erste Beispiele
10. Neue Lösungen	vor allem aus der Branche		vor allem aus anderen Branchen

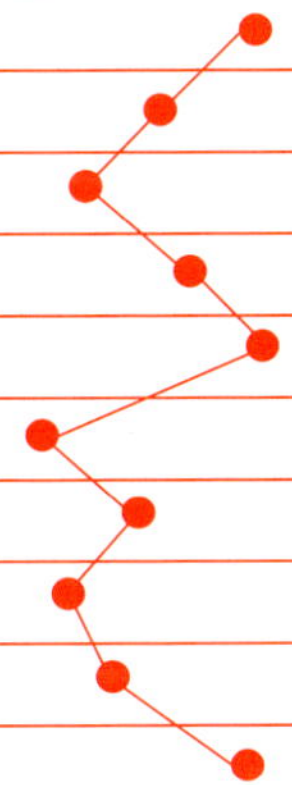

Fazit zur Substitution	Zu erwarten ist eine deutliche Substitution des Geschäftes durch Digitalisierung, neue Wettbewerber (Versicherungen, Handel ...).
Ansatzpunkte für die Innovation	Umbau des Privatkunden-Geschäftsmodells in Richtung: Digitalisierung, Mobile/Smarte Lösungen Weiterentwicklung des Geschäftskunden-Business: Integration Versicherungsleistungen, Verstärkung Beratungsleistungen (Zahlungsverkehr, Kundenschnittstellen ...) Produktivitätssteigerungsprogramm: Filialbereinigung, Automatisierung von Standard-Dienstleistungen ...

2. Innovationssteckbrief

Zielsetzung und Definition

Mit dem Innovationssteckbrief werden konkrete Innovationsvorschläge konkretisiert. Er dient dazu, einer Idee eine entsprechende Struktur zu geben, damit Kreativitätsmethoden auch Ergebnisse bringen (Methoden: Brainstorming, Methode 635, Delphi-Technik, Morphologischer Kasten, Simulation ...).

Schlüsselbegriffe und Synonyme

Ideen-Steckbrief, Innovationsoption, Innovationssteckbrief, Innovationsvorschlag, Kreativitätsportfolio, Option zur Innovationsleistung

Einsatz, Wirkung und Nutzen

- **Durchdenken und Konkretisieren von Ideen**, Vorschlägen, Ansatzpunkten ...
- Darstellung und **Vergleich von mehreren Ideen**
- Grundlage für Diskussion und **Entscheidungsfindung**
- Basis für die **Weiterarbeit an einem Innovationsthema** nach Zustimmung und Projektierung
- Instrument für die **Kommunikation von verabschiedeten Ideen**

Anwendung und Umsetzung

- Darstellung der **wichtigsten Ziele** der Innovation (Markt, Kundennutzen, Produktivität ...)
- Ableitung eines **groben Zahlencockpits**
- Entwicklung von **Maßnahmen und Mitteln zur Umsetzung**
- Bewertung von **strategischer Bedeutung und Risiko**
- Dokumentation der **Management-Entscheidung**

Quellen und Links

Brem, A./Brem, S.: Kreativität und Innovation im Unternehmen, Stuttgart 2013.
Rustler, F.: Denkwerkzeuge der Kreativität und Innovation, Zürich 2016.

2. Innovationssteckbrief: Werkzeug und Beispiel (Maschinenbau)

Innovation	Low-tech-Werkzeugmaschinen für Drittweltstaaten und Schwellenländer
1. Ziele	1. Entwicklung und Vermarktung von Low-tech-Werkzeugmaschinen für GUS, Afrika, Asien und Südamerika 2. Erreichen eines Marktanteils zwischen 5 % und 10 % in den nächsten drei Jahren in diesen Regionen 3. Vor allem Substitution der Konkurrenzprodukte, aber auch der eigenen, abgespeckten Produktvarianten 4. Abwehr der Low-tech-Konkurrenz, v. a. aus China, Indien und Brasilien
2. Zahlencockpit	▪ Situation heute: Marktvolumen/Umsatz/Marktanteil: • GUS: 2,5 Mrd./200 Mio./8 % • Afrika: 1 Mrd./30 Mio./3 % • Asien: 6,3 Mrd./252 Mio./4 % • Südamerika: 1,4 Mrd./56 Mio./4 % ▪ Ziel in 201x: Marktvolumen/Umsatz/Marktanteil: • GUS: 2,8 Mrd./280 Mio./10 % • Afrika: 1,1 Mrd./55 Mio./5 % • Asien: 7,2 Mrd./360 Mio./5 % • Südamerika: 1,7 Mrd./119 Mio./7 % ▪ Umsatzrendite: konstant bei 14 % ▪ Personalkosten: Steigerung um 4 % bis 201x ▪ Materialkosten: Steigerung um 6 % bis 201x

2. Innovationssteckbrief: Werkzeug und Beispiel (Maschinenbau)

Innovation	Low-tech-Werkzeugmaschinen für Drittweltstaaten und Schwellenländer
3. Maßnahmen zur Umsetzung	▪ Entwicklung des Low-Tech-Werkzeug-Portfolios inkl. Testung, Normierung und 20 Referenzprojekte über alle Branchen und Unternehmensgrößen ▪ Vermarktung ab 01.01.201x/leistungsfähiger Vertrieb bis dorthin aktiv (v. a. in Afrika und Südamerika) ▪ Vertriebsoffensive, v. a. in den Tochtergesellschaften Indien, Brasilien, Russland, Ukraine, Nord-Afrika ▪ Aufbau bzw. Umrüstung der Produktion bis 30.06.201x in den Werken: Belo Horizonte, Lwow, Xhanzhou, Ahmadabad
4. Mittel zur Umsetzung	▪ Entwicklungskosten inkl. Wartung und Instandhaltung: 32 Mio. Euro einmalig, p. a. 15 Mio. Euro bis 201x ▪ Vermarktungsoffensive: 20 Mio. Euro bis 201x ▪ Aufbau und Umrüstung der Produktion: 75 Mio. Euro einmalig, p. a. 10 Mio. Euro bis 201x
5. Bewertung: strategische Bedeutung (bzgl. Herausforderungen)	Gesamtaussage: sehr hoch ▪ Angriff der Low-tech-Konkurrenz, v. a. in Asien ▪ Ausbau der Marktstellung bei Schwellenkunden v. a. bzgl. „Upgrading" bestehender Lösungen ▪ Stärkung der Präsenz vor Ort
6. Bewertung: Risiko (bzgl. Reaktion im Markt, Umsetzung, Know-how, Ressourcen)	Gesamtaussage: sehr hoch ▪ großteils unbekannte Märkte ▪ noch zu wenig technisches Know-how für Low-tech ▪ derzeit: fehlende Vertriebsressourcen und zu wenige kompetente Projektmanager für die Entwicklung und Umstellung der Produktion
7. Management-Entscheidung	▪ Die Innovation wird, wie vorgeschlagen, umgesetzt und erhält Priorität A. ▪ Bis 16.04. wird ein Vorschlag seitens der GL eingereicht, wie diese Innovation personell kompetent besetzt wird bzw. ob die Organisation als eigenes SGF Sinn macht.

3. Markterfolgsprofil einer Innovation

Zielsetzung und Definition

Mit dem Markterfolgsprofil wird eine Einschätzung der Marktverhältnisse, der Marktleistung und der Führung bzw. Umsetzung gegeben. Dies ist die Grundlage für eine objektivierbare Bewertung und Strategieentwicklung.

Schlüsselbegriffe und Synonyme

Innovationsbeurteilung, Innovationsprofil, Markt-Check einer Innovation, Markterfolgsprofil einer Innovation, strategische Beurteilung einer Innovation

Einsatz, Wirkung und Nutzen

- **Objektivierbare Beurteilung einer Innovation** anhand der entscheidenden Erfolgskriterien
- Grundlage für **Ausstiegskriterien** und entsprechende Limite
- **Prüfung von mehreren Innovationsvorschlägen** im Sinn der Vergleichbarkeit und Priorisierung
- **Systematik für die detaillierte Ausarbeitung (Innovationsstrategie)** bzw. Analyse einzelner Faktoren
- Methodik für das **begleitende Innovationscontrolling**

Anwendung und Umsetzung

- Bewertung der **Erfolgsfaktoren für das Geschäft bzw. das Marktumfeld**
- Bewertung der **Erfolgsfaktoren für die Marktleistung**, d. h. den Innovationsvorschlag
- Erfolgsfaktoren für **Führung und Umsetzung der Innovation**
- Zusammenfassende Einschätzung und **Entscheidung für Umsetzung, Zurückstellen oder Verwerfen der Idee**
- Saubere **Dokumentation von Bewertung und Entscheidung**

Quellen und Links

Kaschny, M./Nolden, M./Schreuder, S.: Innovationsmanagement im Mittelstand: Strategien, Implementierung, Praxisbeispiele, Wiesbaden 2015.
Vahs, D./Brem, A.: Von der Idee zur erfolgreichen Vermarktung, Stuttgart 2015.

3. Markterfolgsprofil einer Innovation: Werkzeug und Beispiel (Handel)

1. Erfolgsfaktoren für das Geschäft bzw. das Marktumfeld

Faktor	Negative Ausprägung	Profil	Positive Ausprägung
1.1 Marktwachstum	klein (unter 10 %)		groß (deutlich über 10 %)
1.2 Lebenszyklus des Marktes	Sättigungs-/Rückgangsphase		Einführungsphase
1.3 Markteintritt als	Nachfolger		einer der ersten
1.4 Anzahl der Wettbewerber	viele		wenige
1.5 Reaktionsprofil des Hauptkonkurrenten	ausgeprägt („Existenzkampf“)		marginal („Nebengeschäft“)
1.6 Macht von Lieferanten bzw. Abnehmern	groß		klein
1.7 Substitutionsgefahr im Markt	groß		klein

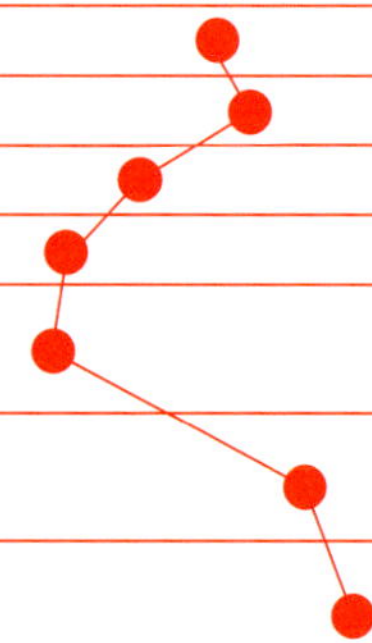

2. Erfolgsfaktoren für die Marktleistung

Faktor	Negative Ausprägung	Profil	Positive Ausprägung
2.1 Gestifteter Kundennutzen	schlechter		besser
2.2 Vom Kunden wahrgenommener Innovationsgrad	nicht existent/gering		deutlich
2.3 Vom Kunden wahrgenommenes Image	schlechter		besser
2.4 Relative Kunden-Ausschöpfung	kleiner		größer
2.5 Kapazitäten und Know-how	zu gering oder zu spät		vorhanden
2.6 Relative Vermarktungs- und Vertriebsausgaben	geringer, gleich		deutlich höher
2.7 Sortimente, Varianten	breit, offensiv, kreativ		eng, begrenzt

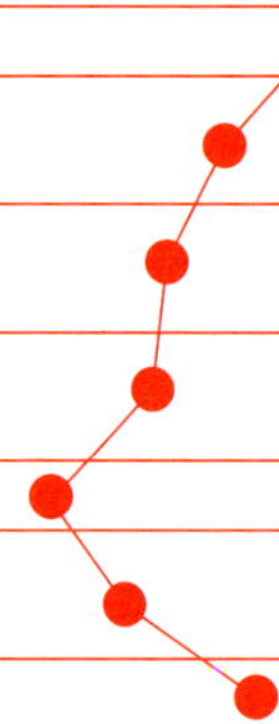

3. Markterfolgsprofil einer Innovation: Werkzeug und Beispiel (Handel)

3. Erfolgsfaktoren für Führung und Umsetzung der Innovation

Faktor	Negative Ausprägung	Profil	Positive Ausprägung
3.1 Zielsetzung	sehr global, nicht spezifiziert	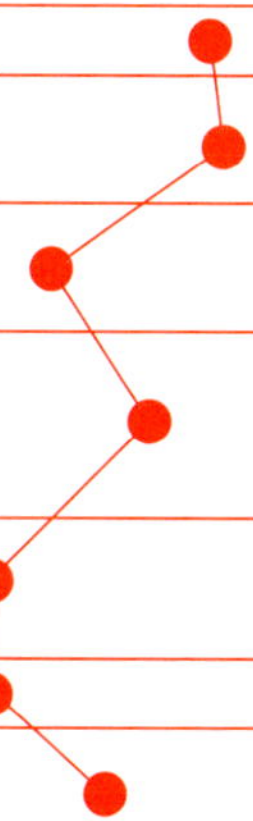	konkret, zielt auf Marktführerschaft
3.2 Verantwortung für Resultate	unklar, auf vielen Schultern		definiert, nur Einzelpersonen
3.3 Erfahrung im Innovieren	gering, theoretisch		groß
3.4 Standardisierung, Nutzen von Erfahrung	schwer möglich		gegeben, möglich
3.5 Erfahrene Führungskräfte	kümmern sich „nebenbei" um das Neue		sind klar auf das Neue fokussiert
3.6 Neugeschäft wird ...	durch bestehendes dominiert		eigenständig geführt
3.7 Anzahl von Innovationen, Projekten	viele		sehr wenige

4. Zusammenfassung und Entscheidung

Zusammenfassende Einschätzung	▪ Die Erfolgsfaktoren für das Geschäft bzw. das Marktumfeld werden mittelmäßig bis negativ eingeschätzt. Die Wettbewerbsintensität wird in Summe sehr hoch eingestuft. ▪ Bei den Erfolgsfaktoren für die Leistung muss bei praktisch allen Faktoren eine deutliche Verbesserung stattfinden. ▪ Die Erfolgsfaktoren für die Führung und Umsetzung der Innovation sind in Summe durchschnittlich bis leicht negativ.
Entscheidung	▪ Die Rahmenbedingungen werden für die Innovation durchschnittlich bis negativ eingeschätzt. ▪ Die Defizite in der Leistungserstellung und vor allem in der Führung bzw. Umsetzung lassen einen Start momentan nicht zu. ▪ Das Thema wird bis zum nächsten Innovationsscreening zurückgestellt.

4. Innovieren des Geschäftsmodells

Zielsetzung und Definition

Neben einer Marktleistung können Prozesse und Geschäftsmodelle innoviert werden. Über die Innovation des Geschäftsmodells wird dargestellt, wie sich die Wertschöpfungskette und damit die Geschäftslogik verändern.

Schlüsselbegriffe und Synonyme

Geschäftsinnovation, Geschäftsmodell-Entwicklung, Geschäftsmodell-Innovation, Innovieren des Geschäftsmodells, Wertketten-Innovation

Einsatz, Wirkung und Nutzen

- Systematische Auseinandersetzung mit dem **Geschäftsmodell als Gegenstand von Innovation**
- Kritische **Prüfung aller Wertstufen** auf den Beitrag für Wettbewerbsfähigkeit und Innovationsmöglichkeit
- Transparente **(Weiter-)Entwicklung des heutigen zu einem künftigen Geschäftsmodell**
- Klarheit über die notwendigen **Veränderungsschritte zur Umsetzung des neuen Geschäftsmodells**
- „Denken und Handeln in **Geschäftsmodellen**“

Anwendung und Umsetzung

- Dokumentation des **heutigen Geschäftsmodells** (ergänzend mit Stärken und Schwächen)
- Entwicklung des **künftigen Geschäftsmodells als Innovation**
- **Grundsatzentscheidung** für das neue Geschäftsmodell
- Erarbeitung der notwendigen **Umsetzungsschritte des künftigen Geschäftsmodells**
- **Detaillierte Umsetzungsplanung** pro Wertstufe

Quellen und Links

Granig, P.: Geschäftsmodellinnovation, Wiesbaden 2016.
Harvard Business Review Press: On Strategy, Boston 2011.

4. Innovieren des Geschäftsmodells: Werkzeug und Beispiel (Elektroindustrie)

1. Heutiges Geschäftsmodell

Vorleistungen Summe: 30 %	Führung und Controlling Summe: 2 %	Rechnungs-wesen, Admin Summe: 2 %	Marketing Summe: 4 %	Personal Summe: 2 %	Entwicklung Summe: 5 %	Gewinn: 5 %
	Einkauf Summe: 2 %	Vor-Produktion Summe: 13 %	Produktion Summe: 12 %	Logistik Summe: 13 %	Vertrieb Summe: 10 %	

Heutiges Geschäftsmodell: als voll-integriertes Industrie-Unternehmen mit Wettbewerb in (fast) allen primären Wertstufen und schwindender Fokussierung

Summe der primären Aktivitäten: 50 %

Vorleistungen (Summe: 30 %) + Wertschöpfung (Summe: 70 %) = Umsatz (Summe: 100 %)

2. Künftiges Geschäftsmodell

Vorleistungen Summe: 55 %	Führung und Controlling Summe: 3 %	Rechnungs-wesen, Admin Summe: 2 %	Marketing Summe: 9 %	Personal Summe: 1 %	QM (statt Entwicklung) Summe: 2 %	Gewinn: 5 %
	Einkauf Summe: 5 %	Vor-Produktion entfällt	Veredelung Summe: 12 %	Logistik entfällt	Vertrieb Summe: 10 %	

Künftiges Geschäftsmodell: als Modell der Konzentration auf Stärken und Fokussierung

Summe der primären Aktivitäten: 50 %

Vorleistungen (Summe: 55 %) + Wertschöpfung (Summe: 45 %) = Umsatz (Summe: 100 %)

3. Umsetzung des künftigen Geschäftsmodells

Wertstufe	Aufgabe	Termin	Verantw.
Führung/Ctrl.	Verstärkung Prozess- und Einkaufs-Ctrl.	31.10.	Müller
Vor-Produktion	Outsourcing-Konzept plus Umsetzung	31.12.	Berger
...			

5. Innovieren in kleinen Schritten

Zielsetzung und Definition

Im Gegensatz zu radikalen, revolutionären oder disruptiven Innovationsansätzen verfolgt das Innovieren in kleinen Schritten den Ansatz, Neues in kleinen, überschaubaren Schritten zu entwickeln. Bezugspunkt können dabei Marktleistungen, Prozesse, Kunden, Technologien usw. sein.

Schlüsselbegriffe und Synonyme

Evolutionäres Innovieren, Inkrementelles Innovieren, Innovieren in kleinen Schritten, kontinuierliches Innovieren, Prozess-Innovation

Einsatz, Wirkung und Nutzen

- Auseinandersetzung mit aktuellen **Marktleistungen, Prozessen und Kunden als Quelle von Innovation**
- **Prüfung aller „kleinen Themen"** auf den Innovationsbeitrag
- **Keine Abhängigkeit vom „großen Wurf"** und der „großen Eingebung"
- Systematische **Weiterentwicklung des aktuellen Geschäftsmodells** in kleinen Schritten
- Durchführbarkeit durch **alle operativen Mitarbeiter**

Anwendung und Umsetzung

- Darstellung der **Prozesslogik im Geschäft** inkl. Basis-Zahlenwerk
- Analyse: **Stärken/Wirkung auf Kundennutzen, Schwächen, Komplexitäts-/Kostentreiber**
- Klarheit zu den **strategischen Herausforderungen**
- Erarbeitung der **Innovationsansätze und der Sofortmaßnahmen**
- Abgleich bzw. **Einbau in das Innovations- bzw. KVP-Programm**

Quellen und Links

Gassmann, O.,/Friesike, S.: 33 Erfolgsprinzipien der Innovation, München 2012.
Hauschildt, J./Salomo, S.: Innovationsmanagement, München 2010.

5. Innovieren in kleinen Schritten: Werkzeug und Beispiel (Anlagenbau)

Prozesskette Schlüsselfragen	P1: Aufträge akquirieren/Aufträge kalkulieren	P2: Vertrieb, AVOR und Produktion planen	...
1. Basis-Zahlenwerk	▪ Vollzeit-MA: 75 ▪ Durchschn. Auftrag: 4,3 Mio. ▪ Kalkulationsvol.: 370 Mio.	▪ Vollzeit-MA: 120 ▪ Planungsvol.: 280 Mio. ▪ Investment AVOR: 12 Mio.	...
2. Stärken/Wirkung auf Kundennutzen	▪ Vertriebsnetz ▪ Kalkulationspräzision: 85 % ▪ Konstanter Projektleiter für Kunde von Anfang an	▪ kurze Wege, rasche und richtige Entscheide ▪ geringe Nachplanungsquote	...
3. Schwächen	▪ Genügend qualifizierte Auslandsvertriebs MA ▪ Unterentwickelte Service-Engineering-Denke	▪ Beschaffungsstrukturen in Nordamerika ▪ Planung Logistik-Speditionsdienste	...
4. Komplexitäts-/ Kostentreiber	▪ Zu viele Kalkulationsschemen (ca. 25) ▪ Häufige Info-Änderungen in Kalkulations-phase (in 35 % der Fälle)	▪ Komponentenvielfalt ▪ Spezifikationsarten ▪ unterschiedliche AVOR-Systeme je Region	...
5. Strategische Herausforderungen	▪ Bewältigung des Wachstums im Ausland (bzgl. Qualität) ▪ Verstärkung Netzwerke bzw. Lobbying	▪ Vorbereitung des globalen Teilebezugs ab 201x ▪ deutliche Verkürzung der kritischen Logistikzeiten	...
6. Innovationsansätze	▪ Übertragung Service-Engineering auf Mittel- und Nordamerika bis 201x	▪ Neuausrichtung Beschaffung und AVOR bis 201x ▪ Umstellung der AVOR auf globalen Teilebezug	...
7. Sofortmaßnahmen	▪ „Müllabfuhr" und Reduktion auf acht Kalkulations-Schemen ▪ Personalmarketing Ausland	▪ Implementierung AVOR System R5 bis Ende 201x ▪ sofortige Prüfung Investment-Reduktion (Lagerhaltung ...)	...

6. Innovations- und Start-up-Strategie

Zielsetzung und Definition

Mit der Innovations- und Start-up-Strategie werden neue Marktleistungen oder Geschäftsmodelle konkretisiert. Dies kann im Rahmen eines bestehenden Geschäftsfeldes oder als neues Geschäftsfeld stattfinden. Aufbau und Logik entsprechen im Wesentlichen einer Geschäftsfeld-Strategie.

Schlüsselbegriffe und Synonyme

Businessplan für Innovationen, Geschäftsplan für Innovationen, Innovationsplan, Innovationsprojektplan, Innovationsstrategie, Marketing-Strategie für Innovationen, Start-up-Strategie

Einsatz, Wirkung und Nutzen

- zentrales **Führungsinstrument für Innovationen**
- klare **Marktstrategie für eine Innovation** (Marktleistung, Geschäftsmodell)
- Grundlage und **Input für Zielvereinbarungen bzw. Unternehmensstrategie**
- Transparenz über die **notwendigen Beiträge der Funktionen und Prozesse** (Schnittstellen ...)
- Basis für das **Umsetzung- und Innovationscontrolling**

Anwendung und Umsetzung

- Identifikation der **Innovationsschwerpunkte und der Transformation des Geschäftes**
- Festlegung des **Innovationsbudgets** (Zahlenwerk)
- Entwicklung der Positionierung der **Innovation** (Marketing-Mix)
- Klärung der **Innovationsbeiträge der Funktionen und Prozesse**
- Erarbeitung des **Umsetzungsplans: Maßnahmen und Ressourcen**

Quellen und Links

Granig, P./Hartlieb, E./Lercher, H.: Innovationsstrategien: Von Produkten und Dienstleistungen zu Geschäftsmodellinnovationen, Wiesbaden 2013.

Schulze, P.: Balancing Exploitation and Exploration: Organizational Antecedents and Performance Effects of Innovation Strategies, Wiesbaden 2009.

6. Innovations- und Start-up-Strategie: Werkzeug und Beispiel (IT-Unternehmen)

1. Innovationsschwerpunkte	
Schwerpunkt	**Kernthemen**
1. Integration der Management-prozesse in die Systeme	▪ Ausweitung der Systemlösungen auch auf Managementprozesse (Strategie, Unternehmensentwicklung ...) ▪ Entwicklung von Tool-Packages ▪ Entwicklung von integrierten Systemlösungen ▪ Entwicklung von maßgeschneiderten Trainingsangeboten
2. Marktentwicklung: englischsprachige Länder	▪ Erreichen von 3 % Marktanteil in Chemie bis 201x und 8 % bis 201y in GB ▪ Akquisition von jährlich zehn Referenzprojekten p. a. in Nafta ▪ Aufbau von zwei Regionalbüros in GB bis 201y ▪ Kooperation mit Systempartner IT-Lab in den USA
3. Branchenentwick-lung: Pharma	▪ Eintritt bei Pharma-Kunden mit zehn „Leuchtturm-Projekten" bis 201x ▪ Erreichen von 5 % Marktanteil bis 201x und 10 % bis 201y ▪ Aufbau von mindestens fünf Pharma-Spezialisten in allen Regionalbüros und Herstellen von Pharma-Fähigkeit von 50 % der Senior-Implementors ▪ Aufbau eines Pharma-Images (Publikationen, Messen, Fachvorträge ...)
4. ...	...

2. Transformation des Geschäftes	
Transformator	**Auswirkung**
1. Auflösung von Prozessgrenzen	▪ Überwindung der traditionellen Trennung von Führungs-, Unterstützungs- und Geschäftsprozessen ▪ zunehmende Bedeutung von Systemlösungen
2. Zunehmende Kontinentalisierung	▪ verstärkter Wettbewerb von KMUs und zunehmende Konzentration (Bsp. Konkurrenten A, B, C) ▪ Globalisierung erst ab frühestens 201x
3. Auflösung von Branchen-Grenzen	▪ steigende Ausprägung des Prinzips „Funktionslogik schlägt Branchenlogik" ▪ Übertragbarkeit von Lösungen (Systeme, Hardware ...)
4. ...	...

6. Innovations- und Start-up-Strategie: Werkzeug und Beispiel (IT-Unternehmen)

3. Innovationsbudget			
Budget für Systemgeschäft/GB & Nafta/Pharma	**Jahr 1**	**Jahr 2**	**Jahr 3**
Marktvolumen (in Mio. Euro)	1600	1700	1850
Marktanteil	5	10	10
Netto-Umsatz (in Mio. Euro)	80	170	185
Einkauf/Fremdleistungen (Partner)	50	90	95
Wertschöpfung (Umsatz minus Einkauf; in Mio. Euro)	30	80	90
Investment	5,5	10,5	11,0
Investment-Intensität (Investment/Wertschöpfung)	0,18	0,13	0,12
Vollzeit-Arbeitskräfte	80	210	230
Mitarbeiter-Produktivität (Wertschöpfung pro Kopf)	375.000	381.000	391.000
Betriebsergebnis (in Mio. Euro)	2,5	5,0	5,5

4. Positionierung der Innovation	
Positionierungsfaktor	**Kernthemen**
1. Leistung	▪ Ausstattung aller Produkte mit Schnittstellen-Lösungen und Integrationsmodulen ▪ überlegene Performance bei allen Produkten: Kundennutzen, Referenzen, Ratings, Fachpresse ...
2. Preis	▪ Pricingmodell nach Integrationsstaffel ▪ überdurchschnittliches Preis-Leistungsverhältnis in Pharma (moderates Preisniveau 5 % unter durchschnittlichem Niveau auf Chemie-Ebene)
3. Kommunikation	▪ Markteintritt in GB mit Branchen-Veranstaltungen, Fachmessen, Mailings ... ▪ Pharma-Fokus (Publikationen, Mailings, Messen ...)
4. Distribution	▪ Aufbau von je zwei Pharma-Spezialisten und Projekt-Akquisiteuren pro Region ▪ Aufbau von zwei Regionalbüros in GB

6. Innovations- und Start-up-Strategie: Werkzeug und Beispiel (IT-Unternehmen)

5. Innovationsbeiträge der Funktionen und Prozesse	
Funktion/Prozess	**Innovationsbeitrag**
Projektakquisition	▪ Akquisition von 10 „Leuchtturm-Projekten“ in Pharma ▪ Akquisition von mindestens 30 % integrierter Projekte bis 201x (Systemlösungen ...)
Projektproduktion	▪ Projektfähigkeit mit integrierten Lösungen ▪ Aufbau und Umsetzung von Trainingskompetenz (auch Stand-alone-Lösungen)
Personal	▪ Entwicklungsschwerpunkte in Richtung Pharma, integrierte Systemlösungen ▪ Aufbau und Integration von Personal für GB bzw. Entwicklung der Partner in Nafta
...	

6. Umsetzung: Maßnahmen und Ressourcen				
Nr.	**Maßnahme**	**Termin**	**Verantw.**	**Status**
1.	Umsetzung von Integrationspaketen in die Systemsoftware PLUS P3, PLUS P4 und VC01	30.09.201x	Berner	
2.	Akquisition von zehn Referenz-Projekten in Nafta	31.12.201x	Wilson	
3.	Akquisition und Umsetzung von zehn „Leuchtturm-Projekten“ (zwei pro Regionalbüro)	31.12.201x	Regional-Leiter	
4.	...	...		
Nr.	**Ressourcen**	**Kosten in Euro**		
1.	Programmieraufwand für Integrationslösungen (extra Unterstützung von Systempartnern ...)	1.500.000 einmalig 500.000 in den ersten drei Jahren		
2.	Aufbau von zwei Regionalbüros in GB (Sach-/IT-/Personalaufwand)	500.000 einmalig 2.000.000 p. a.		
3.	Vermarktungsressourcen für die Pharma-Branche (Marketing, Personalentwicklung, Sponsoring ...)	500.000 einmalig 100.000 p. a.		
4.	...			

STRUKTUREN UND QUALITÄT LEISTUNGSORIENTIERUNG

Werkzeug-Navigator

1. Wertkette als Prozesslandkarte
2. Ergebnis- und stellengesteuerte Prozesskette
3. Qualitätsmessung eines Prozesses
4. Fehlerbaum und Moments of Truth
5. Kontinuierlicher Verbesserungsprozess KVP
6. Schnittstellenanalyse
7. Funktionendiagramm
8. Stellenbeschreibung
9. Sitzungsmanagement und Führungsgremien
10. Prozessauftrag

1. Wertkette als Prozesslandkarte

Zielsetzung und Definition

Wertschöpfung ist definiert als Umsatz minus Vorleistung. In der Wertkette werden die primären und sekundären Aktivitäten dargestellt. Die primären dienen der Leistungserstellung, die sekundären steuern die primären Aktivitäten. De facto ist die Wertkette eine Darstellung der Prozesslandkarte.

Schlüsselbegriffe und Synonyme

Geschäftsmodell, Prozesslandkarte, Supply Chain, Value Chain, Wertkette, Wertschöpfungskette, Wertschöpfungslandkarte, Wertschöpfungsmodell

Einsatz, Wirkung und Nutzen

- Darstellung der **Geschäftslogik über Wertaktivitäten**
- **Schaffung einer Prozesslandkarte** und damit auch eines Prozessmodells
- **Anwendbarkeit** für: Unternehmen, Geschäftsfelder, Funktionen, Regionen, Kunden- bzw. Produktgruppen
- **Analyseraster** für Stärken, Schwächen, Chancen, Gefahren
- Grundlage für: **KVP, Kostenmanagement, Organisationsentwicklung, Geschäftsmodell-Entwicklung**

Anwendung und Umsetzung

- **Klarheit über den Zweck der Wertkette:** Geschäftmodell-Entwicklung, Kosten-Management, KVP ...
- Darstellung der **primären Aktivitäten** (direkte Aktivitäten, Geschäftsprozesse)
- **Darstellung der sekundären Aktivitäten** (indirekte Aktivitäten, Unterstützung-/Steuerungsprozesse)
- **Zuordnung der 100 % des Umsatzes** auf alle Stufen der Wertkette
- **Abgleich mit der Prozesslogik** im Unternehmen

Quellen und Links

D’heur, M.: Sustainable Value Chain Management, Berlin 2015.
Porter, M.: Wettbewerb und Strategie, München 1999.

1. Wertkette als Prozesslandkarte: Werkzeug und Beispiel (Bauunternehmen)

Summe der sekundären Aktivitäten: 10 %

Vorleistungen						Gewinn
Vorleistungen: ▪ Fremd-leistungen (Statik ...) ▪ Roh- und Hilfsstoffe ▪ freie Handels-vertreter	Unternehmen führen und Controlling sicherstellen Personal entwickeln Summe: 1 %	Rechnungs-wesen und Administration sicherstellen Summe: 1 %	Einkauf und Qualitätsmanage-ment durchführen Summe: 2 %	Marketing gestalten Summe: 3 %	Entwicklung und Innovation sicherstellen Summe: 3 %	Gewinn: 5 %
	Aufträge akquirieren Aufträge kalkulieren Summe: 10 %	Vertrieb/Produktion planen Arbeitsvorberei-tung durchführen Summe: 10 %	Objekte fertigen Logistik bereit-stellen Summe: 30 %	Logistik abwickeln Objekte montieren Summe: 3 %	Objekte über-geben/prüfen After Sales Service sicherstellen Summe: 2 %	

Summe der primären Aktivitäten: 55 %

Vorleistungen (30 %) — Wertschöpfung (70 %)

Umsatz (100 %)

2. Ergebnis- und stellengesteuerte Prozesskette

Zielsetzung und Definition

Mit der ergebnis- und stellengesteuerten Prozesskette wird ein Prozess detailliert und konkretisiert. Die AKV (Aufgaben, Kompetenzen, Verantwortlichkeiten) werden darin ebenso dargestellt wie die Resultate. Prozesslandkarte und Prozessketten sind Instrumente zur Prozessmodellierung.

Schlüsselbegriffe und Synonyme

AKV (Aufgaben, Kompetenzen, Verantwortlichkeiten), Prozessablauf, Prozessdetaillierung, Prozessdokumentation, Prozessmodellierung

Einsatz, Wirkung und Nutzen

- Klare **Darstellung der Prozesse im Sinn der Leistungsfähigkeit** für Kunden
- Transparenz über **AKV** (Aufgaben, Kompetenzen, Verantwortlichkeiten)
- Sachliche Grundlage für **Funktionendiagramm, Stellenbeschreibung und Prozessauftrag**
- Grundlage für **Arbeits- und Verfahrensanweisungen**
- Analyse-, Gestaltungs- und **Prozessmodell**

Anwendung und Umsetzung

- **Ergebnisgesteuerte Prozesskette**: Erarbeitung von Input, Prozessablauf (Beschreibung), Verantwortung und Output
- **Stellengesteuerte Prozesskette**: Klarheit über die Stellen und Entwicklung der Prozesse über Zeitablauf
- Klare Zuordnung der **AKV** (Aufgaben, Kompetenzen, Verantwortlichkeiten)
- **Resultatorientierung** in allen Schritten mit dem Fokus auf Kundennutzen und Produktivität
- Verwendung als **Prozessdokumentation**

Quellen und Links

Becker, J./Kugeler, M.,/Rosemann, M.: Prozessmanagement: Ein Leitfaden zur prozessorientierten Organisationsgestaltung, Berlin 2012.
Posluschny, P.: Prozessmanagement. Kundenorientierung, Modellierung, Optimierung, Konstanz 2012.

2. Ergebnisgesteuerte Prozesskette: Werkzeug und Beispiel (Industrie)

Prozess:	M3: Material einkaufen und bereitstellen (Logistik)	Datum: 26.03.201x	Blatt: M3/S. 1 Ersteller: Eder	
Input	**Prozessablauf**	**Beschreibung**	**Verantw.**	**Output**
Vertriebsdaten, Auflösung der Stücklisten auf Monatsbasis: - Montagelos - Lagermaterial		für Bruttobedarf/Stückliste zu planen: Beschläge, Dichtungen, Dämm- und Schäummaterial, Füllungen, Lichtöffnungen, Türmaterial, Zargenbestände	Material-wirtschaft	Brutto-bedarfsliste
		„Normalfall“: Erhebung Nettobedarf durch Materialwirtschaft		
Steuerinfos für Material-wirtschaft		für Bedarfsermittlung prüfen: Kundenaufträge, Vorschlagliste, Vergangenheitsdaten, Reservationen	Material-wirtschaft	Netto-bedarfsliste
		Nettobedarf an Einkauf weiterleiten => Erfassung als Bestellformular im System und Hinterlegung in MaWi mit Kopie an Vertrieb	Material-wirtschaft (Bestellung durch Einkauf)	
Nettobedarfsliste	...	...		

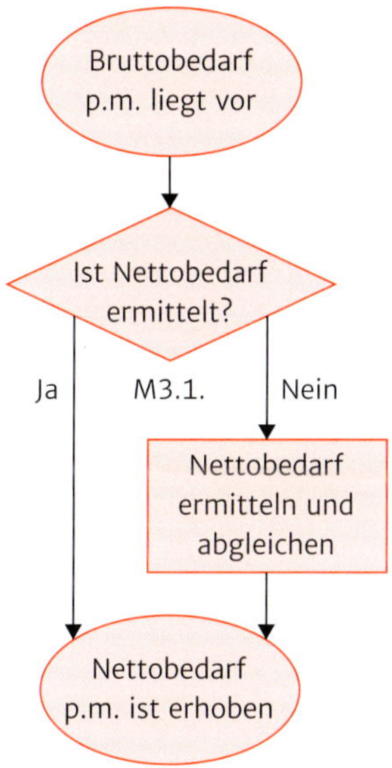

2. Stellengesteuerte Prozesskette: Werkzeug und Beispiel (Industrie)

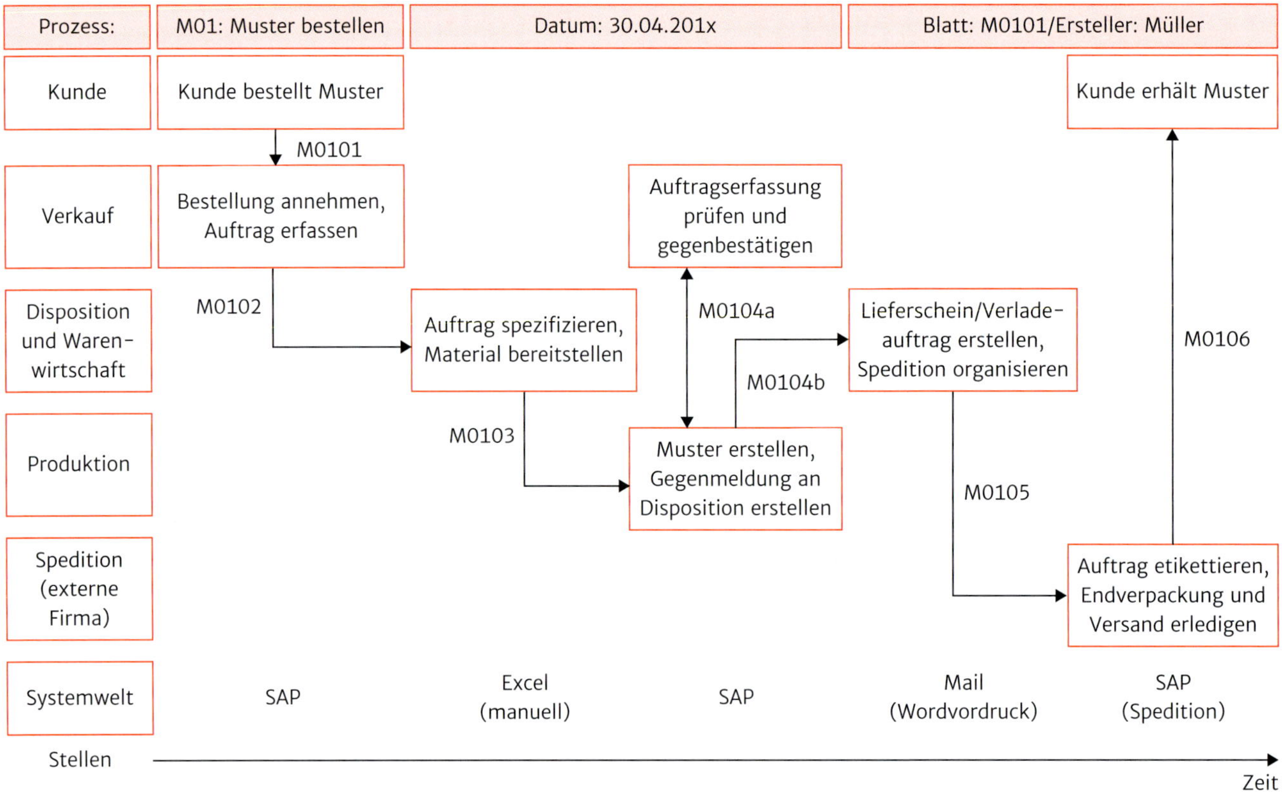

3. Qualitätsmessung eines Prozesses

Zielsetzung und Definition

Mit der Qualitätsmessung eines Prozesses wird dargestellt, wie ein Prozess auf Qualität wirkt. Ein Prozess ist Dreh- und Angelpunkt zur Sicherstellung von Kundennutzen und verbindet die Organisation (Ablauf) mit dem Markt (Kunde).

Schlüsselbegriffe und Synonyme

KVP-Messung, Leistungsmessung, Prozess-Kennzahlen, Prozess-Messung, Qualitätsaudit, Qualitätsmessung eines Prozesses

Einsatz, Wirkung und Nutzen

- Instrument zur **Verbesserung der Leistungsfähigkeit von Prozessen**
- Ausgangspunkt für **Qualitäts- und Produktivitätsstrategien**
- Grundlage für regelmäßige **Beurteilungen und Zielvereinbarungen**
- Kernelement für **Qualitätsprogramme und KVP** (kontinuierlicher Verbesserungsprozess)
- Hebel für **Kundenbindung**

Anwendung und Umsetzung

- Auswahl des **relevanten Prozesses**
- Darstellung des **Kundennutzens**, d. h. der kaufentscheidenden Kriterien aus Kundensicht
- Ableitung von **Kennzahl und Ziel inkl. der Messvorschrift**
- Bestimmung von **Verantwortung und Takt** zur Messung
- Integration mit dem **KVP bzw. anderen Führungsprozessen**

Quellen und Links

Herrmann, J./Fritz, H.: Qualitätsmanagement, München 2015.
Schmitt, R.: Qualitätsmanagement: Strategien, Methoden, Techniken, München 2015.

3. Qualitätsmessung eines Prozesses: Werkzeug und Beispiel (Telematik)

Prozess	P 09 Auftrag abarbeiten			
Kundennutzen	**Kennzahl/Ziel**	**Messvorschrift**	**Verantwortung**	**Takt**
1. Wirtschaftlicher Betrieb	1. Nutzungsintensität der Software-Dienste/ Ziel: 90 %	Qualifizierte Nutzung der Zugriffe in Prozent	Meier	mtl.
	2. Produktivitätsfortschritt pro Fahrzeug/ Ziel: 3 bis 5 %	Nachweis produktiverer Nutzung pro Fahrzeug pro 1.000 km (in Euro)	Schmidt	mtl.
2. Bedienungsfreundlichkeit/Kompatibilität	1. Suchqualität/ Ziel: 3 bis 5 Sek.	Durchschnittliche Zeit pro Suche einer Information (in Sek.)	Müller	...
	2. Exportqualität/ Ziel: 90 %	Export von Systemdaten auf Kundensysteme (in Prozent)	Müller	...
	3. Anbindungsquote/ Ziel: 80 %	Anbindung der Dienste an die Systeme des Kunden (in % der effektiven Nutzung)	...	...
3. Verfügbarkeit	1. Durchlaufzeit/ Ziel: drei Wochen	Timelag zwischen Order und Bestellung (in Wochen)	...	...
	2. ...	...	...	...
4. ...				

4. Fehlerbaum und Moments of Truth

Zielsetzung und Definition

Mit dem Fehlerbaum und den Moments of Truth werden die Leistungen bzw. Prozesse aus Kundensicht geprüft und verbessert. Die Ansatzpunkte orientieren sich am Dreieck „Qualität-Zeit-Kosten“. Beide Methoden stellen sicher, dass kundenorientiert gedacht wird und Maßnahmen entwickelt werden.

Einsatz, Wirkung und Nutzen

- Analyse der **Leistungsfähigkeit von Produkten, Dienstleistungen und Prozessen aus Kundensicht**
- selbstkritischer **Vergleich mit dem Wettbewerb**
- **Werkzeuge für KVP**, Kaizen und generell alle Qualitätsansätze
- **Ideenquelle für Innovationen** und größere Verbesserungsschritte
- Input für **Organisationsentwicklung**

Schlüsselbegriffe und Synonyme

AMS (Analyse möglicher Störungen), Fehleranalyse, Fehlerbaum, Fehlerbehebung, Moments of Truth, Qualitätsmessung, Qualitätsprogramm, Qualitätsverbesserung, Risikoanalyse

Anwendung und Umsetzung

- **Fehlerbaum**: Entwicklung von Fehlerästen, Fehlermöglichkeiten und Ansätze zur Prävention bzw. Beseitigung
- **Moments of Truth**: Darstellung Kunden-Anforderungen, der Stärken, möglichen Störungen/eigenen Schwächen, Ansatzpunkten zur Verbesserung
- Verbindung mit **Qualitätsprogrammen, Audits, KVP**
- Einbau der **Maßnahmen in das Umsetzungscontrolling**
- Prüfung auf **Innovationsansätze bzw. Optimierung der Organisation**

Quellen und Links

Freese, W.: Erstellung von Fehlerbäumen, München 2015.
Stöger, R.: Prozessmanagement, Stuttgart 2009.

4. Fehlerbaum: Werkzeug und Beispiel (Hochschule)

Prozess	02-04/Vorlesungsräume disponieren	
Fehlerast	**Fehlermöglichkeit**	**Prävention/Beseitigung**
1. Raum	1.1 Fehlende mediale Ausstattung	Medienstandard (bzw. spezielle Anforderungen) regelmäßig kontrollieren
	1.2 Zu groß oder zu klein für Veranstaltung	Raumgröße in LV-Spezifikation aufnehmen
	1.3 Falsche Zuordnung zu Lehrveranstaltung (Überschneidungszeiten ...)	Dispo-Software vereinheitlichen, durchgängig 15 Minuten Pufferzeiten einbauen
	1.4 Schmutzige Räume (insbesondere im Winter)	Bei hochfrequentierten Räumen: zwei Mal tägliche Grundreinigung (mit Prüfliste)
	1.5 ...	...
2. Medien	2.1 Fehlende Funktionstauglichkeit	Regelmäßige Prüfung der Funktionstauglichkeit (tägliche Prüfliste)
	2.2 Falsche Spezifikation/nicht veranstaltungsgemäße Medien	Aufnahme der Standard-Medien bzw. spezieller Medien in die LV-Spezifikation
	2.3 Keine rasche Disposition neuer Medien	...
	2.4 ...	...
3. ...	...	

4. Moments of Truth: Werkzeug und Beispiel (Rehabilitationszentrum)

Prozess aus Kundensicht	1. Patient von zu Hause zur Therapie bringen	2. Therapie durchführen	3. Patient von Therapie nach Hause bringen
1. Anforderungen aus Kundensicht (Qualität und Preis)	▪ individueller, stressfreier Transport/Hilfe beim Vorbereiten ▪ Exklusivität in der Betreuung ▪ Pünktlichkeit ▪ all-inclusive	▪ vollständige Therapie-Infos ▪ professionelle Durchführung ▪ Wohlfühl-Atmosphäre ▪ Überzeiten nicht verrechenbar	▪ pünktlicher, störungsfreier Transport ▪ klare Therapie-Dokumentation bzw. Abrechnung ▪ Preisabschlag bei Fehlzeiten
2. Eigene Stärken	▪ konstante Personen ▪ Leitsystem für Patienten	▪ konstante Therapeuten ▪ Ausstattung	▪ wie Prozess 1 ▪ Dokumentation bzw. Abrechnung
3. Mögliche Störungen/ eigene Schwächen	▪ Patient nicht abholbereit ▪ zu wenig Exklusivität	▪ mangelhafte Therapiedispo ▪ Wartezeiten	▪ Fehlinformation über Transportzeit ▪ zu späte Dokumentation
4. Ansatzpunkte zur Verbesserung	▪ Aufbau von Exklusivität („Transport als erste Visitenkarte“) ▪ einheitlicher Dispo-Plan: gemeinsamer Zugriff über Intranet (plus Kunden-Portal)	▪ Vermarktungsoffensive für alle Leistungen ▪ Ausdehnung der Therapie auf alle Angebote ▪ standardisiertes Patienten-Feedback	▪ wie Prozess 1 ▪ monatlicher Qualitätsbericht (Basis: Patienten-Feedback und Dispositionsplan)

5. Kontinuierlicher Verbesserungsprozess KVP

Zielsetzung und Definition

KVP ist ein Verfahren zur systematischen Optimierung einer Organisation. Anhand der Themenfelder „Qualität – Zeit – Kosten“ werden Maßnahmen entwickelt. KVP kann sich auf Marktleistungen, Kunden, Prozesse, Kultur ... beziehen.

Schlüsselbegriffe und Synonyme

Kaizen, Kontinuierlicher Verbesserungsprozess, KVP, Optimierungsprogramm, Qualitätsphilosophie, Qualitätsprogramm, Qualitätsprozess, TQM (Total Quality Management)

Einsatz, Wirkung und Nutzen

- Konsequente **Ausrichtung einer Organisation auf Qualität** und Kundennutzen
- Thematische **Verbindung mit Strategie, Prozesse und Mitarbeiterentwicklung**
- **Breite Anwendbarkeit von KVP**: Marktleistungen, Kunden, Prozesse, Technologien ...
- Etablierung von **KVP als Teil der Unternehmenskultur**
- Quelle für **Innovation und Organisationsentwicklung**

Anwendung und Umsetzung

- **KVP-Vorschlag**: Entwicklung von Ziel, Begründung, Ausgangslage, Mittel, Maßnahmen, Termin
- **KVP-Cockpit**: Erarbeitung von Vorschlägen pro Prozess mit den Ansatzpunkten „Qualität-Zeit-Kosten“
- Etablierung von **KVP als dauerhafter Prozess**
- Einbindung von **KVP in die Gesamtstrategie**
- Verknüpfung von **KVP mit der Mitarbeiter- bzw. Führungskräfte-Entwicklung**

Quellen und Links

Menzel, F.: Einfach besser arbeiten: KVP und Kaizen. Kontinuierliche Verbesserungsprozesse erfolgreich gestalten, Zürich 2010.
Witt, J./Witt, T.: Werkzeuge des Qualitätsmanagements in der KVP-Praxis, Düsseldorf 2013.

5. KVP-Vorschlag: Werkzeug und Beispiel (Energieversorger)

KVP-Vorschlag	Transparenz und Benchmarking in der Wasser-, Gas-, Fernwärme- und Stromabrechnung
Vorschlag durch	P. Berger
Organisationseinheit	Kundenservice
Umsetzungsverantw.	A. Gebauer
Datum	17.02.201x
Ziel	Eine Sensibilisierung für Einsparungen bei den Endkunden wird durch transparente Abrechnungen mit einem einfachen Benchmarking hergestellt (Mehrjahresvergleich, Quervergleich).
Begründung	▪ klarer Beitrag des Unternehmens zu den Kyoto-Zielen ▪ positive PR-Wirkung für das Unternehmen/positive Wirkung auf das Image (Sparen, Bürgerfreundlichkeit ...) ▪ Insgesamt: überschaubarer Aufwand bei großer Wirkung
Ausgangslage	▪ Kundenunfreundlichkeit der aktuellen Abrechnungen – sowohl bzgl. Verständlichkeit als auch bzgl. Sensibilisierung für Energiesparen
Mittel	▪ Programmierung der neuen Rechnungsformate in allen Systemen und Anwendungen: 5.000 Euro ▪ PR-Kampagne in Regionalzeitungen ...: 2.000 Euro
Maßnahmen	▪ Umstellung der aktuellen Rechnungsformate: Aufnahme von Mehrjahresvergleichen des eigenen Verbrauchs bzw. eines „best practice“ mit strukturgleichen Haushalten/Unternehmen ▪ Errechnung eines automatischen Sparziels aufgrund der genannten Inputs ▪ Controlling der effektiven Einsparungen
Termin	▪ Umsetzung der neuen Formate: bis 10.04. ▪ erstmalige Ausgabe (Halbjahresabrechnungen): 30.06. ▪ abgeschlossene PR-Kampagne: 31.07. ▪ Controlling der effektiven Einsparungen: 31.12.

5. KVP-Cockpit: Werkzeug und Beispiel (Hotel)

1. KVP-Auftrag			
Erstellungsdatum	21.03.201x		
Controlling-Termine	30.04., 31.05., 30.06., 30.09., 31.12.		
Verantwortung	L. Meyers		
2. KVP-Themenfelder			
Prozess	**Qualität**	**Zeit**	**Kosten**
1. Gäste empfangen	1. Informationsqualität bei Empfang verbessern (Programm, Leistungen)	1. Wartezeiten zu Stoßzeiten verringern (Ressourcen anders disponieren) 2. bessere zeitliche Steuerung der Taxi-Dienste	1. Streichen der Begrüßungs- und Abschiedsgeschenke 2. Sortimentscheck: Zeitungen, Bücher, Wellness-Artikel
2. Zimmer instand halten/ pflegen	1. Qualitätscheck: Steckdosen, Griffe ... 2. geruchsneutrale Teppich-Reinigung	1. bessere zeitl. Steuerung der Reinigung (nach Aus-Checken) 2. Reduktion DLZ bis zur Freigabe neuer Zimmer	1. Reduktion der „Gimmicks" in den Zimmern
3. Zimmerservice sicherstellen	1. Inkasso über Zimmer-Rechnung (kein Bar-Inkasso) 2. zeitnahe Rückholung Bedienwagen/Leer-Geschirr	...	
...	...		

6. Schnittstellenanalyse

Zielsetzung und Definition

Eine Schnittstelle liegt vor, wenn eine durchgängige Aufgabe von unterschiedlichen Organisationseinheiten, Systeme, Personen oder Technik bewerkstelligt wird. Mit der Analyse wird die Qualität der Zusammenarbeit beurteilt und verbessert.

Schlüsselbegriffe und Synonyme

Input-Output-Analyse, Prozess-Schnittstellen-Prüfung, Schnittstellenanalyse, Schnittstellen-Check

Einsatz, Wirkung und Nutzen

- **Gemeinsame Sichtweise** der Schnittstellen bei allen Beteiligten
- Beurteilung der **Leistungsfähigkeit der Schnittstellen**
- Systematische **Verbesserung der Schnittstellenleistung**
- Einfache **Verbindung mit Qualitätsprogrammen**
- Input für **Reorganisation, Produktivitätssteigerung und Prozessverbesserung**

Anwendung und Umsetzung

- Definition der **relevanten Schnittstellen-Größen** (Organisationseinheiten, Systeme, Personen, Technik ...)
- Schrittweise Beurteilung der **Wirkung der Schnittstelle bezüglich Qualität-Zeit-Kosten**
- Systematische Erarbeitung von **Verbesserungvorschlägen pro Schnittstelle**
- Einbau der Resultate in ein **Qualitätsprogramm**
- **Prüfung der Struktur** anhand der Analyse

Quellen und Links

Ifaa-Edition: 5S als Basis des kontinuierlichen Verbesserungsprozesses, Berlin 2016.

Junge, C.: Zusammenarbeit fördern, Kommunikationsbarrieren überwinden, Schnittstellenkommunikation im Unternehmen, Marburg 2009.

6. Schnittstellenanalyse: Werkzeug und Beispiel (Immobilien)

A. Schnittstellen-Erhebung

... Wirkung auf: / Organisationseinheit	Projekt-Entwicklung	Vermietung	Bestands-/Facility-Management	DV	...
Projektentwicklung	keine	1.1: +	1.2: -	1.3: 0	...
Vermietung	2.1: -	keine	2.2: 0	2.3: ...	...
Bestands-/Facility Management	3.1: 0	3.2: -	keine	3.3: ...	...
DV	4.1: ...	4.2: ...	4.3: ...	keine	...
...	5.1: ...	5.2: ...	5.3: ...	5.4: ...	...
Legende	+ positive Wirkung	0 neutrale Wirkung	- negative Wirkung		

B. Schnittstellen-Optimierung

Schnittstelle	Beurteilung	Verbesserungsmaßnahme	Termin	Verantw.
1.2 Projekt-entwicklung – Bestands-/Facility-Management	▪ „Bestands-/Facility-Management": zu wenig Abstimmung mit „Projektentwicklung" ▪ suboptimaler Datenaustausch ▪ parallele Teilprozesse (Bsp. Planung)	▪ Umsetzung eines Datenpools für beide Funktionen ▪ Schaffung organisatorischer Gesamtverantwortung für beide Prozesse	31.05.	Metzler
...	...	...		

7. Funktionendiagramm

Zielsetzung und Definition

Das Funktionendiagramm dient der Klärung von Aufgaben, Kompetenzen und Verantwortlichkeiten (AKV). Anhand von Aktivitäten werden die Beiträge von Stellen, Funktionen oder Personen konkretisiert.

Einsatz, Wirkung und Nutzen

- Festlegung der **Aufgaben, Kompetenzen und Verantwortlichkeiten (AKV)**
- Transparenz und **Klarheit über Zuständigkeiten** und Verantwortung
- Grundlage jeder **Aufbau- und Ablauforganisation**
- Basis jeder **Stellenbeschreibung bzw. Gremienliste**
- Identifikation und Klärung von **Schnittstellenthemen**

Schlüsselbegriffe und Synonyme

AKV (Aufgaben, Kompetenzen, Verantwortlichkeiten), Aufgaben-Kompetenz-Matrix, Funktionendiagramm, Funktionenliste, Kompetenzliste, Prozess-Stellen-Beschreibung

Anwendung und Umsetzung

- Zeilenweise **Darstellung der Prozesse/Aufgaben**
- Spaltenweise **Auflistung der Stellen**, Funktionen oder Personen
- Zuordnung der **Verantwortlichkeiten und Kompetenzen** (planen, entscheiden, ausführen ...)
- Ableitung der **Stellenbeschreibung** über die Spalten des Funktionendiagramms
- Prüfung und Optimierung der **Aufbau- und Ablauforganisation**

Quellen und Links

Klauser, M.: Lenke, was Dein Unternehmen lenkt: Management Prozess-Architektur (MPA), München 2010.

Schneider, M.: Coopetition between Functional Departments, Aachen 2014.

7. Funktionendiagramm: Werkzeug und Beispiel (Bank)

Stelle Aufgabe	PK-Leitung	PK-Vertrieb	Controlling	Vorstand
01. Kunden analysieren und Kundeninteresse aufnehmen	P, E	A		I
02. Leistungsalternativen vorbereiten		A, E		
03. Leistungsalternativen mit Kunden erarbeiten		A, E	M	
04. Finanzierungslösung erstellen		A, E	K	
05. Angebot kalkulieren (inkl. interner Wirtschaftlichkeitsrechnung)	E	A	K	
06. Angebot mit Kunden verhandeln		A, E		
07. Bei Akzeptanz: Vertrag bestätigen	E	A	I	I
08. Kundendaten im System aktualisieren	I	E		
09. ...	...			

Kürzel für das Funktionendiagramm:

A – ausführen
E – entscheiden
I – Information an
K – kontrollieren
M – Mitsprache
P – planen

8. Stellenbeschreibung

Zielsetzung und Definition

In der Stellenbeschreibung werden die wichtigsten Beiträge einer Stelle mit einer groben zeitlichen Abschätzung festgehalten. Gleichzeitig sind Aufgaben, Kompetenzen und Verantwortlichkeiten festgeschrieben. Die Quelle sind Prozesse und das Funktionendiagramm.

Einsatz, Wirkung und Nutzen

- Verwendung als **Führungsinstrument** durch Darstellung der erwarteten Resultate
- Identifikation der **Schlüsselaufgaben pro Stelle**, d. h. der Beiträge
- Grobe **zeitliche Abschätzung** der Beiträge
- Bestimmung kritischer **Schnittstellenthemen durch Quervergleich** von Stellenbeschreibungen
- Klare **Darstellung der hierarchischen Position**

Schlüsselbegriffe und Synonyme

AKV (Aufgaben, Kompetenzen, Verantwortlichkeiten), Funktionenbeschreibung, Kompetenz-Blatt, Stellenbeschreibung, Stellendefinition

Anwendung und Umsetzung

- Bestimmung der **organisatorischen Anbindung**, d. h. der vorgesetzten und stellvertretenden Stelle
- Erarbeitung der wichtigsten **Beiträge der Stelle**: Aufgaben, Kompetenzen, Verantwortlichkeiten (AKV)
- Quantifizierung des **zeitlichen Ausmaßes der Beiträge**
- Formelle Darstellung der **Geltung der Stellenbeschreibung**
- Indirekt: Quervergleich über die **„Stimmigkeit" aller Stellenbeschreibungen**

Quellen und Links

Hofstetter, S.: Stellenbeschreibungen für die Personalpraxis, Zürich 2011.
Wilk, G.: Stellenbeschreibungen und Anforderungsprofile, Freiburg 2011.

8. Stellenbeschreibung: Werkzeug und Beispiel (Fertigungsleitung)

1. Organisatorische Anbindung		
Bezeichnung der Stelle:	Stelleninhaber:	Kurzzeichen:
Fertigungsleitung	Klüver	kl
Bezeichnung der vorgesetzten Stelle:	Vorgesetzter:	Kurzzeichen:
Vorstand Supply Chain	Derung	der
Bezeichnung der stellvertretenden Stelle:	Stellvertreter:	Kurzzeichen:
Logistikleitung	Schöffer	sch

2. Aufgaben, Kompetenzen, Verantwortlichkeiten

Nr.	Der Stelleninhaber sorgt für ...	Aufwand in %
1	... die Investment-Intensität von rund 1,1 (Investment: betriebsnotw. Working capital relativ zur Wertschöpfung)	15 %
2	... die saubere, vollständige Produktivitätsplanung aller nachgeordneten Stellen	5 %
3	... eine Sitzungsquote für nachgeordnete Führungskräfte von maximal 15 %	5 %
4	... die Personalkosten-Produktivität von maximal 28 % (Gesamtleistung im Verhältnis zu realen Personalkosten)	20 %
5	... eine Lieferbereitschaft von mindestens 95 % (Kapazitäten in Relation zum Umsatzbudget)	5 %
6	...	...

3. Geltung

Diese Stellenbeschreibung gilt ab dem Tag der beidseitigen Unterzeichnung und ist Teil des Arbeitsvertrages. Sie gibt den aktuellen Stand des Aufgabenbereiches wieder. Die Inkraftsetzung wird mit den Unterschriften bestätigt.

(Datum, Vorgesetzter) (Datum, Stelleninhaber)

9. Sitzungsmanagement und Führungsgremien

Zielsetzung und Definition

Unter Sitzungsmanagement werden alle Führungsaktivitäten verstanden, um Besprechungen jeder Art wirksam zu machen. Vor allem stehen Sitzungsgrundsätze im Zentrum. Führungsgremien sind fixe Sitzungsrunden, mit denen eine Organisation gesteuert wird.

Schlüsselbegriffe und Synonyme

Führungsgremien, Gremienliste, Gremienmanagement, Meetingmanagement, Sitzungskalender, Sitzungsliste, Sitzungsmanagement, Sitzungsprinzipien

Einsatz, Wirkung und Nutzen

- **Produktivitätssteigerung** in Sitzungen, Meetings, Gremien ...
- Etablierung von **Sitzungen als echtes Führungsinstrument**
- Sitzungsmanagement und Führungsgremien als **Bestandteil in der Organisationsentwicklung**
- Sitzungsmanagement als **Beurteilungskriterium für Führungskräfte**
- Professionelle **Führungsgremien als Beschleuniger von Entscheidung und Umsetzung** für jedes Unternehmen

Anwendung und Umsetzung

- Entwicklung von **Sitzungsgrundsätzen als Führungswerkzeug**
- Sitzungsgrundsätze und Führungsgremien als **integraler Bestandteil von Organisation und Führung**
- Sitzungsgrundsätze als **Bestandteil in der Personal- und Führungskräfte-Entwicklung**
- Erarbeitung von **Führungsgremien als Forum für Information und Entscheidungen**
- Permanente **Hinterfragung der Wirksamkeit** von Sitzungen und Gremien

Quellen und Links

Drucker, P.: The Effective Executive, New York 1966.
Malik, F.: Führen Leisten Leben, Frankfurt 2014.

9. Sitzungsmanagement: Werkzeug und Beispiel (Versicherung)

Sitzungsgrundsätze

1. **Ergebnisse**: Es gibt nur ein Kriterium für die Wirksamkeit einer Sitzung, nämlich die Ergebnisse. Gute Sitzungsleiter steuern darauf hin, dass Beschlüsse gefasst werden und allen klar ist, wer nach der Sitzung welche Aufgabe bis wann zu erledigen hat. Die Resultate der Sitzung sind in ihrer Struktur vorwegzunehmen. Das bedeutet, dass das zu erreichende Ergebnis mittels einer Arbeitsunterlage vorstrukturiert wird und als Dokumentationsplattform dient.
2. **Steuerung**: Sitzungsleiter halten sich im Zweifel mit inhaltlichen Beiträgen zurück, weil sie die Sitzung steuern müssen: Wortmeldungen erteilen, den zeitlichen „Fahrplan" einhalten und Maßnahmenlisten erstellen. Sie delegieren so viel wie möglich, weil sie genug mit der Steuerung der Sitzung zu tun haben.
3. **Pünktlichkeit**: Die Sitzung muss pünktlich anfangen. Das gilt besonders dann, wenn nicht alle pünktlich sind. Die Sitzung wird natürlich auch pünktlich beendet.
4. **Leistungsdruck**: Soll eine Sitzung produktiv sein, muss sie mit Disziplin geführt werden. Eine gute Sitzung bedeutet harte Arbeit. Vor der Sitzung ist zu überlegen, wie Leistungsdruck erzeugt werden kann. Der Sitzungsleiter ist dafür verantwortlich, dass die Sitzung mit Ergebnissen schließt.
5. **Wortmeldung**: Die Wortmeldung wird vom Sitzungsleiter erteilt. An diesen geht das Wort auch wieder zurück. Es redet immer nur eine Person. Vielredner sind einzubremsen, inaktive Teilnehmer zur Wortmeldung aufzufordern.
6. **Vor- und Nachbereitung**: Häufig fällt der größte Arbeitsaufwand nicht bei einer Sitzung an, sondern in der Vorbereitung (Tagesordnung) und in der Nacharbeit. Wirksame Sitzungsleiter reservieren Zeit zur Vor- und Nachbereitung.
7. **Protokollierung**: Als Grundsatz gilt, dass nur Entscheidungen und Maßnahmen dokumentiert werden. Alles andere wird separat abgelegt. Mit übersichtlichem Aufbau und Hervorhebungen ist sichergestellt, dass innerhalb von einer Minute Klarheit über das Sitzungsergebnis herrscht. Idealerweise wird „live" mitprotokolliert (Beamer).
8. **Keine Nachfolgesitzungen**: Sitzungen sind so zu führen, dass keine Nachfolgesitzungen entstehen. „Multiplikative" Sitzungen sind Zeichen von Unprofessionalität.
9. **„don't meet"**: Die beste Sitzung ist diejenige, die nicht stattfinden muss. Daher lautet ein wichtiger Grundsatz im Sitzungsmanagement frei nach dem Doyen des Managements, Peter Drucker: „don't meet". Dies ist auch ein Qualitätszeichen für das Organisieren. Es bedeutet, dass eine Organisation mit wenigen Sitzungen auskommt.

9. Führungsgremien: Werkzeug und Beispiel (Automobil-Zulieferer)

Sitzung/Leitung	Termin/ Dauer	Resultate (zugleich Tagesordnung und Protokollstruktur)	Teilnehmer	Protokoll
GL-Sitzung GL-Sprecher	zwei-wöchentlich Fr. 08-12	1. Maßnahmen-Erledigung aus der letzten Sitzung 2. aktueller Auftragseingang 3. Bericht zu den 3 bis 5 wichtigsten Kundenprojekten 4. Liquiditätssteuerung 5. ggf. Personelles 6. Protokoll/nächste Schritte	GL (plus Gäste)	Sekr. GL-Sprecher
Vertriebssitzung GL-V	wöchentlich Mo. 08-12	1. Maßnahmen-Erledigung aus der letzten Sitzung 2. aktueller Status der Offerten 3. aktueller Auftragseingang 4. Status Schlüsselprojekte und Status Key Accounts 5. ggf. Personelles 6. Protokoll/nächste Schritte	GL-V, VL's, KAM's, Leiter Schlüssel-Projekte	Sekr. GL-V
Technik-Sitzung GL-T	monatlich erster Mo. 13-17	1. Maßnahmen-Erledigung aus der letzten Sitzung 2. aktuelle Entwicklungsprojekte 3. Status Technikprojekte und Konkurrenz-Screening 4. Schnittstellen Vertrieb/Technik 5. ggf. Personelles 6. Protokoll/nächste Schritte	GL-T, GL-V, CC-L, abwechselnd VL's, Leiter Schlüssel-Projekte	Sekr. GL-T
...	...			

10. Prozessauftrag

Zielsetzung und Definition

Im Prozessauftrag werden die wichtigsten Resultate dargestellt, die ein Prozess liefert. Es geht um die Beiträge, Ressourcen, Schnittstellen, Systeme und Umsetzungsmaßnahmen. Damit ist der Prozessauftrag ein Schlüsselwerkzeug im Prozessmanagement.

Einsatz, Wirkung und Nutzen

- Klare Formulierung der **Resultate eines Prozesses**
- **Gemeinsames Verständnis aller Beteiligten** über den Auftrag an einen Prozess (inkl. der Schnittstellen)
- Quelle und **Input für die Aufbau- und Ablauforganisation**
- Hebel für die **Umsetzung von Schlüsselthemen** (Strategie, Innovation, Produktivität ...)
- Quelle und **Input für die Budgetierung**

Schlüsselbegriffe und Synonyme

Prozess-Assignment, Prozess-Auftrag, Prozess-Plan, Prozess-Strategie, Prozess-Ziele, Schlüsselauftrag für Prozesse

Anwendung und Umsetzung

- Klärung der **relevanten Schlüsselprozesse**, die für einen Prozessauftrag in Frage kommen
- Definition von **Auftraggeber und Verantwortlichen für die Umsetzung**
- Erarbeitung der **Beiträge des Prozesses, Mittel, Schnittstellen, Dokumentation, Systeme**
- Entwicklung der **Umsetzungsmaßnahmen**
- Überführung der Resultate in **Führungsprozesse** (Zielvereinbarung, Budgetierung ...)

Quellen und Links

Füermann, T.: Prozessmanagement: – Kompaktes Wissen – Konkrete Umsetzung – Praktische Arbeitshilfen, München 2014.
Weber, P.: Von der funktions- zur prozessorientierten Organisation, Hamburg 2013.

10. Prozessauftrag: Werkzeug und Beispiel (Krankenhausbetreiber)

Prozess/Nr.	„Controlling für Führungsprozesse sicherstellen“/Nr. C-02	
Auftraggeber/Datum	Paukner/30.09.201x	
Verantw./Datum	Frantz/30.09.201x	
1. Beiträge	Beiträge	Messgrößen
	1. Aufbau und Betrieb eines einheitlichen Führungssystems (Integration MIS, BSC, Sitzungsreporting ...) inkl. vergleichbarer Planungszyklen	1. Reduktion Fixkosten für alle Controlling-Aktivitäten um 25 % (Basis: Aufwände für Spartencontrolling, Ctrl.-Aufwand in RW)
	2. Unterstützung der Führungskräfte bei operativer/strategischer Planung und anderen Entscheidungshilfen (Projekte ...)	2. Erhöhung der Planungsgenauigkeit um 20 % im ersten Jahr, ab dem zweiten um 5 bis 10 % p. a.
	3. ...	3. ...
2. Mittel	▪ eine Vollzeitkraft	60.000 € p. a.
	▪ Infrastruktur	10.000 € p. a.
	▪ ...	
3. Schnittstellen	▪ RW, Spartencontrolling, Landkreis-Abt. II/3	
4. Dokumentation/ Systeme	▪ Prozessdokumentation und Workflow: Care-Perf ▪ Intranet, MS Office, ProSys	
5. Maßnahmen		

Nr.	Aufgabe	Termin	Verantw.	Status
1.	Umsetzung durchgängiger Funktionsfähigkeit und Controlling-Workflow	30.01.201x	Gerhardt	...
2.	Kompletter Personalreview aller Controller (plus Controlling-Stellen)	31.01.201x	...	
3.	...	...		

KOSTEN UND PRODUKTIVITÄT
WIRTSCHAFTLICHKEIT

Werkzeug-Navigator

1. Gewinnbedarfsbudget
2. Erfahrungskurve
3. Kostentreiber-Management
4. Systematische Müllabfuhr
5. Prozesskostenrechnung
6. Produktivitätsstrategie

1. Gewinnbedarfsbudget

Zielsetzung und Definition

Im Gewinnbedarfsbudget wird definiert, welche Anforderungen der Stakeholder an das Unternehmen bestehen. Dieser ausgewiesene Gewinnbedarf wird dem Reingewinn gegenübergestellt. Der Reingewinn oder Bilanzgewinn ist der Überschuss der Erträge über die Aufwendungen nach Abschreibungen, Rückstellungen und Rücklagen.

Schlüsselbegriffe und Synonyme

Gewinnbedarfsbudget, Gewinnerfordernis, Gewinnmaximum, Gewinnminimum, Profitabilitätsleitplanken, Stakeholder-Budget

Einsatz, Wirkung und Nutzen

- Klarheit über die **Anforderungen an den Gewinn**
- Ausweis des **Gewinnminimums**
- Gewinnbedarfsbudget als wichtige **Leitplanke für unternehmenspolitische Fragen**
- Vorgabe bzw. **Orientierungspunkte für Produktivitätssteigerung und Ergebnisverbesserung**
- Beurteilung der **Attraktivität eines Geschäfts**

Anwendung und Umsetzung

- Kalkulation der **Anforderungen der Stakeholder**: Eigen- und Fremdkapitalgeber, Personal, Staat ...
- **Ausweis des Gewinnbedarfs** durch die Stakeholder
- Kalkulation des **Reingewinns**
- Ausweis der **Differenz von Gewinnbedarf und Reingewinn**
- Entwicklung von **Maßnahmen zur Umsetzung und Optimierung**

Quellen und Links

Malik, F.: Unternehmenspolitik, Frankfurt 2008.
Rieder L./Siegwart, H.: Neues Brevier des Rechnungswesens, Bern 2001.

1. Gewinnbedarfsbudget: Werkzeug und Beispiel (Rohstoff-Industrie)

Gewinnbedarfsbudget		Gesamtunternehmen
Jahr/Erstellung		201x/Behrens
Betriebsnotwendiges Vermögen		40 Mio.
Anforderungen	**Erläuterung**	**Zahlenwert**
Eigenkapitalgeber	8 % Dividende auf 30 Mio.	2,4 Mio.
Fremdkapitalgeber	Durchschnittlich 6 % auf 10 Mio.	0,6 Mio.
Rücklagen	Zuführung zu Reserven (Erfahrungswert)	1,9 Mio.
Personal	Personalfürsorgestiftung (Dotierung aus Gewinn)	0,8 Mio.
CSR (Corporate Social Responsibility)	Spenden	0,2 Mio.
Staat	Gewinnabhängige Steuern: 20 %	1,1 Mio.
Gewinnbedarf	Summe der Anforderungen	7,0 Mio.
Steuerbarer Gewinn		5,5 Mio.
Reingewinn	Steuerbarer Gewinn minus 20 % Steuern	4,4 Mio.
ROI (Return on Investment)	Gewinnbedarf zu betriebsnotwendigem Vermögen	17,5 %

2. Erfahrungskurve

Zielsetzung und Definition

Die Erfahrungskurve beschreibt den Effekt, dass bei der Verdoppelung der kumulierten Menge ein Kostensenkungspotenzial entsteht (20–30 % der Herstellkosten zu konstanten Preisen). Potenzial bedeutet, dass sich die Kosteneffekte nicht automatisch einstellen, sondern gehoben werden müssen.

Schlüsselbegriffe und Synonyme

Erfahrungseffekt, Erfahrungskurve, Erfahrungspotenzial, Kostenkurve, Lerneffekt, Lernkurve, Produktivitätseffekt, Produktivitätskurve, Produktivitätspotenzial

Einsatz, Wirkung und Nutzen

- Identifikation der **Kosten- bzw. Produktivitätspotenziale**
- Bestimmung eines **Produktivitätsziels für Erfahrungs- bzw. Lerneffekte**
- Identifikation der **Kostenuntergrenze für Leistungen**
- Ortung der **Kostenpositionen von Wettbewerbern**
- Verwendung für **Preis-, Einkauf- bzw. Sourcing-Entscheidungen**

Anwendung und Umsetzung

- **Ermittlung des Mengengerüsts**: jährliche bzw. kumulierte Menge, kumulierte Verdoppelung, Wertschöpfungskosten
- Abgleich der **Kostenposition mit den 20–30 % Produktivitätspotenzialen**
- Erarbeitung von **Ansatzpunkten zum Heben der Erfahrungseffekte**
- Durchführung einer **Wettbewerbsbeobachtung**
- Verbindung mit **KVP bzw. Strategie**

Quellen und Links

Hungenberg, H.: Strategisches Management in Unternehmen, Wiesbaden 2014.
Kremin-Buch, B.: Strategisches Kostenmanagement, Wiesbaden 2012.

2. Erfahrungskurve: Werkzeug und Beispiel (Möbelindustrie)

1. Ermittlung der Erfahrungskurve						
Jahr	**Jährliche Menge**	**Kumulierte Menge**	**Kumulierte Verdoppelung**	**Wertschöpf. Kosten IST**	**Erfahrungseffekt (bzgl. Jahr 1)**	
					20 %	30 %
1	6.500	6.500		120		
2	7.000	13.500	×	102	96	84
3	6.800	20.300		95		
4	6.700	27.000	×	86	77	57
5	7.200	34.200		80		
6	7.900	42.100		75		
7	7.100	49.200		73		
8	7.500	56.700	×	69	62	40
...	...					

2. Umsetzung der Erfahrungskurve zur Produktivitätssteigerung			
Wertschöpfungs-Stufe/Prozess	**Kostentreiber**	**Potenzial WS-Kosten pro Stk.**	**Ansatzpunkte zur Hebung von Produktivitätseffekten**
Produktion	Fehlende Modularität	3 bis 5	▪ Modulbau für alle Sortimente (insbesondere Ecken/Kantentypen) ▪ Durchsetzung der Modularität bei allen Lieferanten
Vertrieb	Sortiments-vielfalt	5 bis 7	▪ Sortimentsbegrenzung (z. B. über Rabatt-Anreize) ▪ definierte Varianten bzgl.: Stärke, Kanten, Farben ...
Logistik	...		
...			

3. Kostentreiber-Management

Zielsetzung und Definition

Kostentreiber sind all diejenigen Faktoren, welche die Kostenarten antreiben und so zu einer Verschlechterung der Kosten- bzw. Produktivitätsposition führen. Kostentreiber kann dabei prinzipiell alles sein, quantifizierbar oder qualitativ, operativ oder strategisch.

Schlüsselbegriffe und Synonyme

Kostentreiber-Management, Kostenmanagement, Kostenprogramm, Kostensenkung, Kostenverursacher, Produktivitätssteigerung

Einsatz, Wirkung und Nutzen

- Klarheit zu den **effektiven Kostentreibern**
- **Gezielte Produktivitätssteigerung** bei den Kostentreibern
- Wesentlicher **Bestandteil von KVP**
- Quelle für die **systemtische Müllabfuhr**
- Wichtiger **Input für Strategie, Struktur, Kultur und Führung** eines Unternehmens

Anwendung und Umsetzung

- Identifikation der **wichtigsten Kostentreiber**
- Prüfung der **Auswirkung eines Kostentreibers auf die Prozesse** zur Priorisierung von Themen
- Erarbeitung von konkreten **Ansatzpunkten zur Produktivitätssteigerung** (inkl. Potenziale bzw. Ziele)
- Einbindung des Programms in **KVP**
- **Jährlich ein- bis zweimalige Durchführung** des Kostentreiber-Managements

Quellen und Links

Friedl, G./Hofmann, C./Pedell, B.: Kostenrechnung, München 2013.
Grüning, T.: Prozesskostenrechnung und Kostentreiberanalysen, Hamburg 2010.

3. Kostentreiber-Management: Werkzeug und Beispiel (Einzelhandel)

Kostentreiber → Prozesse	Ware beschaffen	Ware disponieren	Ware annehmen	Ware ausliefern	Retoure bearbeiten	DV sicherstellen	Summe
1. Belieferungshäufigkeit	0	3	1	3	2	2	11
2. Ungleiche Auslastung	0	2	3	3	0	0	8
3. Mangelndes Warenwirtschaftssystem	1	3	3	3	2	3	15
4. Nachbestellung, unvorhergesehene Aufträge	0	2	2	3	1	2	10
5. Sortimentsbreite und -tiefe	3	2	2	1	3	3	14
6. Sonderwünsche des Kunden	0	2	3	3	0	2	10
7. Mangelndes Entscheidungsverhalten	0	3	2	3	0	1	9
8. Betriebsvereinbarungen	0	0	3	3	0	1	7
9. Mangelnde Qualifikation der Mitarbeiter	0	2	3	3	1	0	9
Summe	4	19	22	25	9	14	

Legende:

0 keine Kostenwirkung auf Prozess

1 schwache Kostenwirkung auf Prozess

2 hohe Kostenwirkung auf Prozess

3 sehr starke Kostenwirkung auf Prozess

3. Kostentreiber-Management: Werkzeug und Beispiel (Einzelhandel)

Kostentreiber KT (entsprechend Wirkung)	Kostenwirkung	Ansatzpunkt	Produktivitätsziel
KT 3: Mangelndes Warenwirtschaftssystem	▪ mangelnde Auftragssteuerung ▪ nur händische Inventurerfassung ▪ schwierige Bearbeitung von Reklamationen	Umstellung des Warenwirtschafts-Systems auf WWS-2	4 Mio. € p. a.
KT 5: Sortimentsbreite und -tiefe	▪ Komplexität bei Bewirtschaftung und im Handling ▪ hohe Bestandskosten (Kapitalbindung)	Sortimentsreduktion von derzeit 850 auf 600 Artikel	2 Mio. € p. a.
KT 1: Belieferungshäufigkeit	▪ zwei- bis dreifacher Kommissionier- und Fahraufwand ▪ Mehrkosten durch Mautgebühr (jährlich ca. 1,5 Mio. €)	Reduktion der Belieferungshäufigkeit (je nach Geschäftstyp von 30 bis 60 Prozent)	3 Mio. € p. a.
KT 4: Nachbestellungen, unvorhergesehene Aufträge	▪ permanentes Chaos in Disposition und Bearbeitung ▪ schlechte Qualitätswerte (Pünktlichkeit ...)	Schaffung eines Auftragsleitstandes mit Verantwortlichkeiten pro Disponent	0,5 Mio. € p. a.
...	...		

4. Systematische Müllabfuhr

Zielsetzung und Definition

Systematische Müllabfuhr ist ein Verfahren der Produktivitätssteigerung. Kern der Idee ist es, überkommene Marktleistungen, Aufgaben, Routinen, Verfahren, Prozesse usw. abzuschaffen bzw. zu reduzieren. Nur so entsteht der Freiraum für die wirklich entscheidenden Themen.

Schlüsselbegriffe und Synonyme

Aufgabenkritik, Effektivitätssteigerung, Effizienzsteigerung, organisatorische Entschlackung, Ressourcenbeschaffung, Systematische Müllabfuhr

Einsatz, Wirkung und Nutzen

- Instrument der **permanenten Produktivitätssteigerung**
- wichtiger Bestandteil in: **Strategie, Innovation, Produktivität, Kooperation ...** (Ziel: Freisetzung von Ressourcen)
- Als **Prinzip im Prozess- und Qualitätsmanagement**
- Grundsatz in der **persönlichen Arbeitsmethodik**
- Generell als **Führungsinstrument zur Steigerung von Wirksamkeit**

Anwendung und Umsetzung

- Identifikation und Beschreibung der entscheidenden **Themen zur systematischen Müllabfuhr**
- **Beurteilung der Wirkung** der Themen (quantitativ und qualitativ)
- Entwicklung von verbindlichen **Maßnahmen zur Umsetzung** (inkl. Termin und Verantw.)
- Einsatz als **jährlicher Workshop in Vorbereitung der Zielvereinbarungen**
- **Verbindung** mit: Strategie, Innovation, KVP

Quellen und Links

Covey, S.: Der Weg zum Wesentlichen, Frankfurt 2014.
Malik, F.: Führen Leisten Leben, Frankfurt 2014.

4. Systematische Müllabfuhr: Werkzeug und Beispiel (Logistik-Unternehmen)

Thema	Beschreibung	Wirkung	Maßnahme	Termin	Verantw.
1. Sitzungen	▪ Teilweise unwirksame Sitzungen mit zu vielen Teilnehmern und zu wenig Ergebnis ▪ Zu wenig Nutzung alternativer Medien	1.000 h p. a.	▪ Umstellung der wöchentlichen Warenwirtschaftssitzung auf monatlich ▪ Ablösung der Bereichssitzungen durch wöchentlichen Resultatsbericht („Fünfzeiler am Freitag“)	31.01.	Güntner
2. Berichte	▪ Historisch bedingt viele Berichte ohne Entscheidungsrelevanz ▪ Tendenz zur „Erbsenzählerei“	3.000 h p. a.	▪ Abschaffung der monatlichen G&V ▪ Ersatz durch eine einfache Quartalsergebnisrechnung ▪ Erstellung eines einfachen Vertriebsberichts („eine Seite“)	31.01.	Koller
3. Geschäftsfeld „Kioske“	▪ Keine zufriedenstellende Marktstellung im Geschäftsfeld trotz mehrmaliger Versuche ▪ Verzettelung in zu vielen Themen	▪ 3.000 h p. a. ▪ Aufgabe von 2 Mio. Euro Umsatz und 50.000 Euro Ergebnis	▪ Einstellung des Geschäftsfeldes per Jahresende ▪ Kündigung der laufenden Verträge	31.12.	Bauer
4. …	▪ …				

5. Prozesskostenrechnung

Zielsetzung und Definition

Die Prozesskostenrechnung verbindet Kosten mit den Prozessen, um zu einer realistischen Einschätzung der wahren Kostenstrukturen zu kommen. Mit dem entsprechenden Kostencontrolling werden die Effekte geprüft.

Schlüsselbegriffe und Synonyme

Prozesskalkulation, Prozesskostenrechnung, Prozessleistungsrechnung, Prozessquantifizierung

Einsatz, Wirkung und Nutzen

- Realistische Darstellung der **wahren Prozesskosten**
- Grundlage für das **Produktivitätsmanagement** in den Prozessen
- Analyse der **Kostentreiber eines Prozesses**
- Ermittlung solider **Produktivitätsziele** für einen Prozess
- **Planungs-, Kontroll- und Entscheidungshilfen** für das Management

Anwendung und Umsetzung

- Darstellung von **Teilprozessen und Kostentreibern**
- Berechnung der **leistungsmengeninduzierten und leistungsmengenneutralen Kosten**
- Ausweis der **effektiven Prozesskosten**
- Verbindung der Prozesskostenrechnung mit der **systematischen Müllabfuhr, KVP** ...
- **Prüfung der AKV** mit dem Funktionendiagramm

Quellen und Links

Remer, D.: Einführen der Prozesskostenrechnung, Stuttgart 2005.
Siems, P.: Wertstromanalyse unter dem Aspekt der Prozesskostenrechnung, Saarbrücken 2013.

5. Prozesskostenrechnung: Werkzeug und Beispiel (Elektro-Industrie)

Prozess		V 03: Verkaufsinnendienstleistungen erbringen						
Teilprozesse lmi	**Kostentreiber lmi**	**Zahl Kosten-Treiber**	**Menge**	**Kosten lmi**	**Kostensatz lmi**	**Kosten lmn**	**Kostensatz lmn**	**gesamte Prozess-Kosten**
Absatz planen	Varianten	80	200	100.000	500	25.000	125	625
Angebot erstellen	Angebotstypen	25	400	200.000	500	50.000	125	625
Auftrag bearbeiten	Auftragstypen	40	100	300.000	3.000	75.000	750	3.750
Auftrag verteilen	Verfügbarkeit Spediteure	20	100	50.000	500	12.500	125	625
Auftrag fakturieren	Auftragstypen	40	100	150.000	1.500	37.500	375	1.875
Summen			900	800.000		200.000		

Errechnung des Kostensatzes lmn					
Teilprozesse lmn	**Kostentreiber lmn**	**Zahl Kostentreiber**	**Kosten lmn**	**Kosten lmi**	**Kostensatz pro € lmi**
Führungstätigkeiten	Anzahl Projekte ...	20 ...	100.000		
Administration	Anzahl Regelungen ...	80 ...	100.000		
Summe			200.000	800.000	0,25

Anmerkung: lmi – leistungsmengen-induziert lmn – leistungsmengen-neutral

6. Produktivitätsstrategie

Zielsetzung und Definition

In der Produktivitätsstrategie werden die wesentlichen Ansätze zur Steigerung der Produktivität bzw. Verbesserung der Kostenposition zusammengefasst. Sie ist jeweils mit der Gesamtstrategie und mit den wichtigsten Führungsprozessen abzustimmen.

Schlüsselbegriffe und Synonyme

Kosten-Programm, Kosten-Strategie, Produktivitätsplan, Produktivitätsprogramm, Produktivitätsstrategie

Einsatz, Wirkung und Nutzen

- **Zusammenfassung aller produktivitätsrelevanten Themen** in einer Produktivitätsstrategie
- Grundlage für die **Verbesserung der relativen Kostenposition**
- Basis für **Umsetzung und Umsetzungscontrolling**
- Input für **Pricing, Prozess- und Qualitätsmanagement**
- Klarheit über die **Verantwortlichkeiten für Produktivitätssteigerung**

Anwendung und Umsetzung

- Definition der zentralen **Produktivitätsbausteine**
- Klarheit bzgl. der **Produktivitätstreiber** für das Geschäft
- Entwicklung der **Produktivitätseckwerte und Beiträge der Funktionen und Prozesse**
- Erarbeitung des Umsetzungsprogramms mit **Maßnahmen und Ressourcen**
- **Abgleich mit der Gesamtstrategie** und Input für Pricing, Prozess- und Qualitätsmanagement

Quellen und Links

Britzelmaier, B.: Controlling: Grundlagen, Praxis, Handlungsfelder, München 2013.
Stöger, R.: Produktivitätssteigerung und Ergebnisverbesserung, Stuttgart 2012.

6. Produktivitätsstrategie: Werkzeug und Beispiel (Handel)

1. Produktivitätsbausteine	
Baustein	**Kernthemen**
1. Neuausrichtung Einkaufs-prozesse	▪ Neustrukturierung Beschaffungsprozesse, v. a. Lieferantenkonzentration ▪ Produktivitätssteigerung Category Management (CM)
2. Prozessoptimierung Logistik	▪ kontinuierliche Steigerung der Logistik-Produktivität ▪ Neugestaltung aller Full-Service-Prozesse
3. Sortimentsbereinigung	▪ nationales Sortiment: Auslistung Produkte mit negativem DB2, Bereinigung regionaler Sortimente (MoPro) ▪ Auslistungsprogramm: Trockensortiment, Non-Food
4. Neuausrichtung Tiefkühl-Produkte	▪ Bereinigung Langsamdreher ▪ Neugestaltung: Bevorratung, Mengenbündelung
5. …	▪ …
2. Produktivitätstreiber für das Geschäft	
Produktivitätstreiber	**Auswirkung**
1. Komplexität im Sortiment	▪ überproportional steigende Kosten in der Sortimentssteuerung und Sortimentsbewirtschaftung ▪ Nicht-Beherrschen des Sortiments durch Vertrieb
2. Ausdifferenzierung des Marktes	▪ noch stärkere Differenzierung in Massen-/Discount-Segmente und Spezialisten-Segmente ▪ steigender Preisdruck
3. …	▪ …

6. Produktivitätsstrategie: Werkzeug und Beispiel (Handel)

3. Produktivitätseckwerte	
Baustein	**Produktivitätseckwerte**
1. Neuausrichtung Einkaufsprozesse	▪ Konzentration A-Lieferanten auf 20, B-Lieferanten auf 50 ▪ Steigerung der durch CM abgedeckten Umsätze auf 250 Mio. (mit denselben „Bordmitteln“)
2. Prozessoptimierung Logistik	▪ Steigerung der Produktivität um ca. 7 % p. a. ▪ Steigerung Lieferfähigkeit Full-Service-Prozesse um 10 %
3. Sortimentsbereinigung	▪ Auslistung nationales Sortiment: mind. 200 Artikel ▪ Auslistung Trockensortiment, Non-Food: ca. 300 Artikel
4. ...	▪ ...

4. Beiträge der Funktionen und Prozesse	
Funktion/Prozess	**Beiträge zur Produktivitätssteigerung**
1. Systeme/IT	▪ Neuanbindung der A- und B-Lieferanten durch IT-gestützte CM-Prozesse ▪ durchgängige Anbindung aller Läger an LogNet
2. Einkauf	▪ Realisierung Konzentrationsprogramm bzgl. A- und B-Lieferanten ▪ Ausbau („mehr Umsatzfähigkeit“) und Prozess-Sicherheit im CM
3. Logistik/Warenwirtschaft	▪ Umsetzung des Produktivitätsziels von 7 % p. a. in allen Lägern, Standorten und relevanten Logistikeinheiten ▪ Prozessverbesserung Full-Service-Prozesse (Steigerung Lieferfähigkeit um 10 %)
4. ...	▪ ...

6. Produktivitätsstrategie: Werkzeug und Beispiel (Handel)

5. Umsetzung: Maßnahmen und Ressourcen

Nr.	Maßnahme	Termin	Verantw.	Status
1.	Neuanbindung der A- und B-Lieferanten	30.04.	Meier	
2.	Adaption aller CM-Prozesse auf Systemfähigkeit	30.06.	Bahr	
3.	Umsetzung Konzentration A-Lieferanten	31.08.	Kerner	
4.	Umgestaltung Full-Service-Prozesse	31.12.	Rehmer	
5.	...			

Nr.	Ressourcen	Kosten in Euro
1.	Programmierung der IT-Anbindung für CM-Prozesse	60.000 Euro einmalig
2.	Anbindung der Läger an LogNet	20.000 Euro einmalig 5.000 Euro jährlich
3.	Ausbildungsprogramm für Produktivität für die Ebenen 2 und 3	20.000 Euro einmalig (über 14 Monate)
4.	...	

SCHLÜSSELAUFTRÄGE UND PROJEKTE
UMSETZUNGSSTÄRKE

Werkzeug-Navigator

1. Schlüsselauftrag – Assignment
2. Zielvereinbarung – MbO
3. Projektauftrag
4. Projektlandkarte
5. Balkenplan
6. Mengengerüst und Ressourcenplan
7. Leistungsmessung eines Projektes
8. Tagesordnung und Protokoll
9. Projektübergabe und Abschlussbericht

1. Schlüsselauftrag – Assignment

Zielsetzung und Definition

Der Schlüsselauftrag ist ein Führungs- bzw. Umsetzungswerkzeug, um Schlüsselmaßnahmen bzw. „große Themen" zu strukturieren und zu realisieren. Er übersetzt die Ziele einer Organisation in die Ziele einer Person und sorgt damit für Verantwortlichkeit.

Schlüsselbegriffe und Synonyme

Assignment, Hebelthema, Schlüsselauftrag, Schlüsselthema, Schlüsselmaßnahme, Umsetzungsauftrag

Einsatz, Wirkung und Nutzen

- Hebel für **Umsetzungsstärke und Resultatorientierung**
- **Gemeinsames Verständnis** über Schlüsselthemen
- Grundlage für **Reporting und Umsetzungscontrolling**
- Kompakte Darstellung für die **Kommunikation**
- Einsatzmöglichkeit insbesondere für: **Strategie, Innovation, Produktivität, Organisation und jedes Change-Thema**

Anwendung und Umsetzung

- **Verständliche und prägnante Ziel-Formulierung** des Auftrags im Sinn des Resultats
- Festhalten von: **Verantwortung, Auftraggeber, Reporting, Abschluss**
- Präszisierung der **Umsetzungsfelder mit Zielen und Zwischenterminen**
- Unterschrift im Sinn des „**Umsetzungsvertrags**"
- Verwendung für **Controlling und Kommunikation**

Quellen und Links

Drucker, P.: Management, Oxford 2001.
Malik, F.: Führen Leisten Leben, Frankfurt 2014.

1. Schlüsselauftrag – Assignment: Werkzeug und Beispiel (Energieversorger)

1. Schlüsselauftrag			
Auftrag und Ziel	Im Rahmen der Reorganisation des Unternehmens sind die ermittelten Potenziale im Energieeinkauf zu heben. Der Verantwortliche erhält dafür 50 % Freistellung von den operativen Tätigkeiten und zwei Consulting-Kräfte.		
Verantwortung	Münzer		
Auftraggeber	Gelpendorf		
Datum	02.03.201x		
Reporting	zweiwöchentlicher Resultatbericht, monatlicher Bericht direkt an den Steuerungskreis		
Abschluss	31.07.201x		
2. Umsetzungsfelder			
Umsetzungsfeld	**Ziele**	**Zielwert**	**Termin**
01. Personal-Aufwand	▪ Zusammenlegung von 12 Helpdesks ▪ Optimierung Intraday-Bewirtschaftung	1,0 Mio. p. a. 0,3 Mio. p. a.	31.05.
02. IT-Aufwand	▪ Vereinheitlichung Handelssysteme ▪ Kostenreduktion Lizenzen und Wartung	0,2 Mio. p. a. 0,4 Mio. p. a.	30.06.
03. Portfolio-Aufwand	▪ Optimierung Gleichzeitigkeitseffekte aller Energieträger und Kraftwerksreserven ▪ Effizienzsteigerung in den einzelnen Portfolio-Management-Systemen	0,6 Mio. p. a. 1,2 Mio. einmalig	30.06.
04. Risiko-Kapital	▪ ...	...	
3. Auftragsvereinbarung			
Unterschrift Auftraggeber		Unterschrift Umsetzungsverantw.	

2. Zielvereinbarung – MbO

Zielsetzung und Definition

Die Zielvereinbarung stellt sicher, dass die Ziele einer Organisation zu Zielen von konkreten Personen werden. Dieses auch „MbO – Management by Objectives" genannte Konzept beinhaltet ein Minimum an Selbststeuerungsfähigkeit, regelmäßige Standort-Bestimmungen und Entwicklungsmaßnahmen aufgrund der Leistungsbeurteilung.

Einsatz, Wirkung und Nutzen

- Klarheit über die **individuellen Beiträge für die Umsetzung**
- Werkzeug zur regelmäßigen **Standortbestimmung**
- Grundlage für **Leistungsbeurteilung und Definition von Entwicklungsmaßnahmen**
- Instrument zum Ausbau der **Selbststeuerung und Selbstorganisation**
- Verknüpfbarkeit mit **Entlohnungs- und Karrierefragen**

Schlüsselbegriffe und Synonyme

Jahresgespräch, Jahresziele, Leistungsbeurteilung, MbO (Management by Objectives), Standortbestimmung, Standortgespräch, Zielgespräch, Zielsteuerung, Zielvereinbarung

Anwendung und Umsetzung

- Entwicklung der **Zielfelder aus den Unternehmenszielen** (Strategie, Schlüsselthema, Projekt ...)
- Darstellung der **individuellen Ziele** („SMART" (spezifisch, messbar, ableitbar, realistisch, terminiert)
- Definierte **Leistungsbeurteilungen bzw. Standortbestimmungen**
- Ableitung von **Entwicklungsmaßnahmen**
- Verbindung mit **Umsetzungs- und Controllingprozessen**

Quellen und Links

Müller, R.: Systematische Mitarbeiterbeurteilungen und Zielvereinbarungen: Von der Planung über die Durchführung bis zur Auswertung, Zürich 2013.

Watzka, K.: Zielvereinbarungen in Unternehmen: Grundlagen, Umsetzung, Rechtsfragen, Wiesbaden 2011.

2. Zielvereinbarung – MbO: Werkzeug und Beispiel (Chemie)

A. ZV: Mitarbeiter/Vorgesetzter	M. Sandorf/B. Wörn		
Zielvereinbarung vom	10.01.201x		
Zwischengespräche	quartalsweise im Rahmen der Leistungsbeurteilung		
Abschlussgespräch/ -beurteilung	17.12.201x		
B. Zielfeld	**Ziele**	**Termin**	**Leistungsbeurteilung**
1. Wirksames Markt-Screening	▪ Etablierung eines monatlichen Markt-Screenings inkl. Definition von Schwerpunktaktivitäten zur Akquisition bzw. Kundenbindung ▪ Halbjährliches Wettbewerbsscreening: Marktzahlen, Lessons learnt, Konsequenzen für eigene Value Chain bzw. Vertrieb ▪ ...	31.12.	
2. Steigerung Akquisitionsleistung	▪ Steigerung Marktanteil: Spezifikationschemikalien + 10 %, Anwendungstechnik-Dienstleistungen + 20 % ▪ Akquisition von drei Referenzkunden im Engineering (100.000 Euro Umsatz)	30.11.	
3. Produktivitätssteigerung im Vertrieb	▪ ...	...	
4. ...	...		
C. Entwicklungsbedarf: Maßnahmen			
1. Mehr Delegation an die Regional-Vertriebspartner (Routine-Besuche, Kleinkunden-Betreuung ...) 2. Produktivitätssteigerung bei administrativen Tätigkeiten und Statistiken			
D. Vereinbarung – Unterschriften			
Unterschrift Vorgesetzter		Unterschrift Mitarbeiter	

3. Projektauftrag

Zielsetzung und Definition

Der Projektauftrag ist das Schlüsseldokument und -werkzeug im Projektmanagement. Dort werden die wichtigsten Informationen bzgl. Ziele, Planung und Umsetzung dargestellt. Der Projektauftrag erfüllt damit die Funktion einer Projektstrategie.

Schlüsselbegriffe und Synonyme

Projektassignment, Projektauftrag, Projektkonzept, Projektplan, Projektstrategie, Projektvertrag

Einsatz, Wirkung und Nutzen

- Sicherstellung des **richtigen Projektstarts**
- **Frühzeitige Klarheit** über Ausgangslage, Ziele und Nutzen
- Solide **Planung der Ressourcen und der Umsetzung**
- Verwendung als **Kommunikationsinstrument**
- Grundlage für **Reporting und Umsetzungscontrolling**

Anwendung und Umsetzung

- Erarbeitung von **Ausgangslage, Zielen und Nutzen**
- Planung der **Phasen, Mittel und Personen**
- Darstellung der **Projektorganisation**
- Unterschrift im Sinn des „**Projekt-Vertrags**"
- Nutzung des Projektauftrags für **Kommunikation und Umsetzungscontrolling**

Quellen und Links

Andler, N.: Tools für Projektmanagement, Workshops und Consulting: Kompendium der wichtigsten Techniken und Methoden, Erlangen 2015.

Stöger, R.: Wirksames Projektmanagement, Stuttgart 2010.

3. Projektauftrag: Werkzeug und Beispiel (Einzelhandel)

Projekt:	Profi-Intranet
Projektauftraggeber:	Wörner
Projektleiter:	Scheer
Datum:	08.01.201x

1. Problemlage, Ausgangslage, Situationsanalyse

1. Der vorhandene Medienmix des Unternehmens entspricht auf Konsumentenseite den Markterfordernissen.
2. Bezüglich Lieferanten und nach innen existieren nur folgende Medien: Papier, interne Mitteilungen, Mail, Informationsveranstaltungen und ein einfach „gestricktes" Intranet.
3. Der Kommunikationsaufwand zu Lieferanten und nach innen ist beträchtlich (geschätzte 14.000 Stunden pro Jahr an Doppelspurigkeiten, überflüssiger Kommunikation, Mehraufwand zur Kommunikation mit Lieferanten).
4. Typische Probleme in der Kommunikation:
   - zu breite Streuung der Information/zu geringe „Treffsicherheit" der Information,
   - zu langsamer und unproduktiver Informationsfluss,
   - unzureichende und unvollständige digitale Anbindung der Zwischenhändler und Märkte,
   - zu geringe Nutzung der bestehenden Technologie und Zweckentfremdung der vorhandenen Medien,
   - keine durchgängigen Verantwortlichkeiten für die Kommunikation im Unternehmen.

2. Projektziel und Teilziele

Projektziel: Ein modernes und an den Geschäftsprozessen ausgerichtetes Intranet ist bis 31.08. umgesetzt. Projektteilziele sind:
1. Modul „Inhalte, Zielgruppen und Zugriff"
2. Modul „Format, Struktur und Pflege"
3. Modul „Lieferanten, Zwischenhändler und Märkte"
4. Modul „Integration in den Medienmix"
5. Modul „Wirtschaftlichkeit und Machbarkeit"

3. Projektauftrag: Werkzeug und Beispiel (Einzelhandel)

3. Nutzen für Kunden und Nutzen für das Unternehmen

1. Nutzen für Kunden (Lieferanten, Zwischenhändler, Märkte): Information auf einen Blick, Strukturierung der Informationsströme, Vermeidung von Doppelspurigkeiten, schnelle Information, rasche Beauftragung
2. Nutzen für das Unternehmen (Mitarbeiter, Führungskräfte): Transparenz, Vermeidung von Doppelspurigkeiten, schnellere Information, Produktivitätssteigerung von ca. 1 Mio. Euro, durchgängige digitale Lösungen für Schlüsselprozesse

4. Phasen im Projekt

1. Verfahrensidee
2. Ist-Analyse
3. Grobkonzept
4. Feinkonzept
5. Start der Umsetzung
6. Ende der Umsetzung

5. Anfang- und Endtermin plus wichtige Zwischentermine (Meilensteine)

Projektstart: 10.01.
1. Verfahrensidee: 31.01.
2. Ist-Analyse: 28.02.
3. Grobkonzept: 31.03.
4. Feinkonzept: 30.06.
5. Start der Umsetzung: 01.08.
6. Ende der Umsetzung: 31.08.

6. Benötigte Mittel/Budget zur Projektplanung und zur Projektumsetzung

1. Personal-/Beratungsaufwand bis 01.08.: 5 interne Projektmitglieder mit ca. 1.500 Stunden, d. h.: ca. 100.000 € und 1 externer Berater: ca. 25.000 €
2. Technischer Aufwand bis 01.08.: Gemäß detaillierter Auflistung: 50.000 € bis zum Start der Umsetzung

3. Projektauftrag: Werkzeug und Beispiel (Einzelhandel)

7. Vom Projekt betroffene Organisationen/Institutionen

1. Lieferanten
2. Märkte/Zwischenhändler
3. Zentrale DV
4. Einkauf/Vertrieb
5. Geschäftsleitung

8. Personen im Projekt (Auftraggeber, Leiter, Schriftführer, Sprecher, externe Experten ...)

1. Auftraggeber: Wörner
2. Projektleiter: Scheer
3. Schriftführer Dokumentation/Pflege der Unterlagen: Bosch
4. Projektmitarbeiter: Andres, Kohn, Waldmüller
5. Externer Berater: Firma IntraSoft
6. Entscheidungsausschuss: Mitglieder der Geschäftsleitung

9. Projektorganisation/Sitzungstakt/Entscheidungsgremien

1. Sitzungstakt Projektleiter und Projektmitarbeiter: erster und dritter Montag im Monat, 14.00 bis 18.00 im Besprechungszimmer 102
2. Entscheidungsausschuss: jeden ersten Dienstag im Monat, 08.30 bis 10.00

10. Genehmigung des Projektvertrags

Projektauftraggeber (Wörner)	Projektleiter (Scheer)
Datum und Unterschrift	Datum und Unterschrift

11. Kommunikation/Information an

1. Intern: Mitglieder GL/Strategiekreis, zentrale DV, zentraler Einkauf, zentraler Vertrieb
2. Extern: Lieferanten, Zwischenhändler und Märkte (insbesondere Verweis auf Gestaltung Lastenheft)

4. Projektlandkarte

Zielsetzung und Definition

Die Projektlandkarte ist ein Instrument des Multiprojekt-Managements. Damit können mehrere Projekte „in Echtzeit" gesteuert werden. Gleichzeitig dient die Landkarte der Priorisierung und dem Umsetzungscontrolling.

Einsatz, Wirkung und Nutzen

- **Überblick** über alle Projekte und projektähnlichen Vorhaben
- **Steuerung von mehreren Projekten** im Sinn des Multiprojekt-Managements
- „gesunder Druck" für **Resultate und Effizienz**
- Grundlage für **„systematische Müllabfuhr" von Projekten**
- Instrument für **Controlling und Kommunikation**

Schlüsselbegriffe und Synonyme

Multiprojekt-Management, Projektcockpit, Projektlandkarte, Projektliste, Projektradar, Projektsteuerung

Anwendung und Umsetzung

- **Sammlung** aller laufenden Projekte und „Baustellen"
- Erarbeitung einer **Projektliste** mit: Projektthemen, Umsetzungsstatus, Bedeutung, Ressourcen und Projektleiter
- Ableitung der **Projektlandkarte** anhand der Dimensionen: Umsetzung, Bedeutung, Ressourcen
- Verwendung für das **Umsetzungscontrolling**
- Nutzung als **Kommunikationsmittel**

Quellen und Links

Patzak, G./Rattay, G.: Projektmanagement: Leitfaden zum Management von Projekten, Projektportfolios und projektorientierten Unternehmen, Wien 2014.

Zimmermann, J./Stark, C./Rieck, J.: Projektplanung: Modelle, Methoden, Management, Heidelberg 2010.

4. Projektlandkarte: Werkzeug und Beispiel (Hochschule)

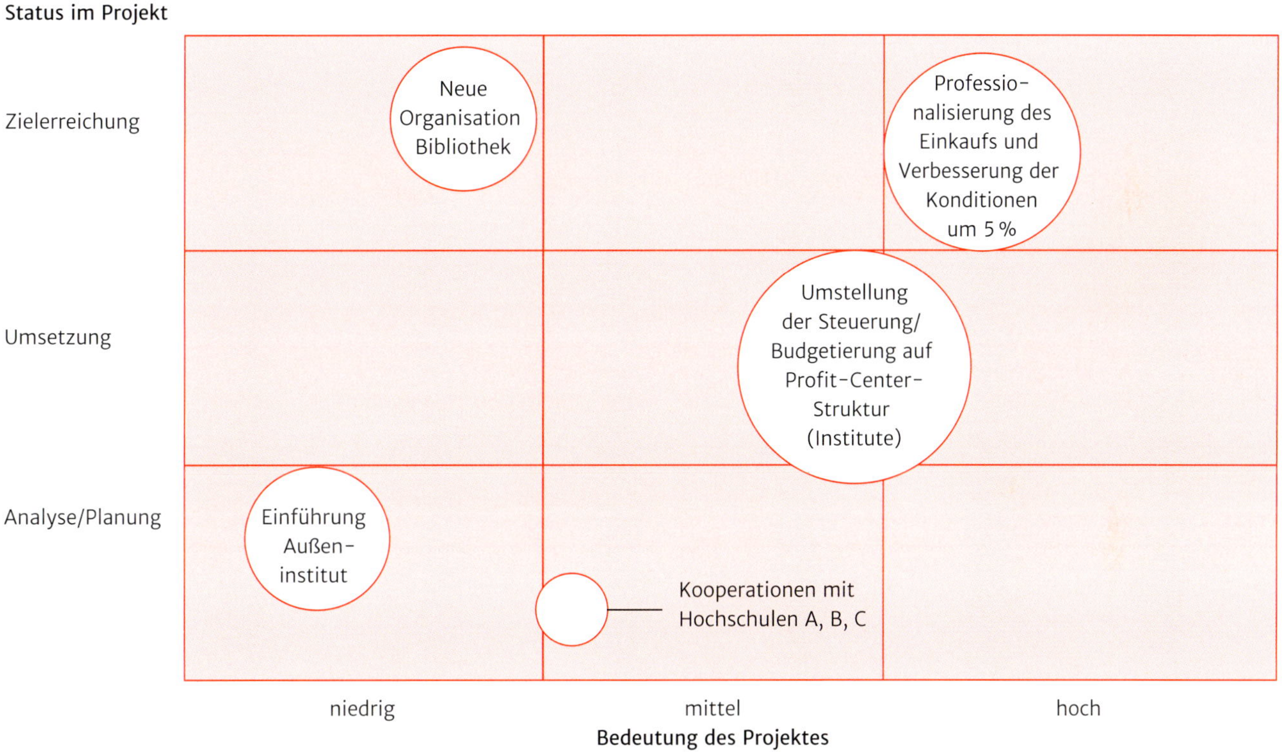

Kreisgröße: gebundene Ressourcen (Personentage und Sachkosten)

4. Projektlandkarte: Werkzeug und Beispiel (Hochschule)

Nr.	Projekt	Status	Beteiligung	Bedeutung	Ressourcen	Projektleiter
1.	Umstellung der Steuerung/Budgetierung auf Profit-Center-Struktur (Institute)	U	H, I, M	+	+	Eller
2.	Neue Organisation Uni-Bibliothek	Z	H	*	*	Hohner
3.	Professionalisierung des Einkaufs und Verbesserungen der Konditionen um 5 %	Z	H, I	+	+	Rainer
4.	Einführung Außeninstitut	A	H	–	*	Hofer
5.	Kooperationen mit Universitäten A, B, C	A	H, I	*	–	Bauer

Erläuterungen				
Status	A = Analyse/Planung	Bedeutung	+	= hohe Bedeutung
	U = Umsetzung		*	= durchschnittliche Bedeutung
	Z = Zielerreichung		–	= niedrige Bedeutung
Beteiligung	H = Hochschule als Ganzes	Ressourcen	+	= hoher Einsatz
	I = Institute		*	= durchschnittlicher Einsatz
	M = Ministerium		–	= niedriger Einsatz

5. Balkenplan

Zielsetzung und Definition

Mit dem Balkenplan werden die Projektschritte bzw. -aufgabe in eine zeitliche Reihenfolge gebracht. Dies dient dem Überblick, dem Erkennen von zeitlichen Engpässen und kritischen Pfaden.

Schlüsselbegriffe und Synonyme

Balkenplan, Kritischer Pfad, Projektaufgabenplan, Projektbalkenplan, Projektcockpit, Projektplan, Projektzeitplan

Einsatz, Wirkung und Nutzen

- Transparente **Darstellung der Projektschritte** bzw. -aufgaben
- Erkennen von **Zusammenhängen bzw. Abhängigkeiten** zwischen den einzelnen Schritten bzw. Aufgaben
- Aufzeigen von **zeitlichen Engpässen und kritischen Pfaden**
- Möglichkeit der „**Vertiefung**" von Schritten bzw. Aufgaben
- Grundlage für das **Umsetzungscontrolling**

Anwendung und Umsetzung

- **Ableitung der wichtigsten Projektschritte** bzw. -aufgaben aus dem Projektauftrag
- Entwicklung einer **zeitlichen Logik inkl. Darstellung der Abhängigkeiten**
- Zuordnung von **Zeit- und Ressourcenpaketen**
- Analyse von **Engpässen bzw. des kritischen Pfads**
- Verwendung als **Controllinginstrument**

Quellen und Links

Kuster, J.: Handbuch Projektmanagement, Heidelberg 2011.

Bea, F./Scheurer, S./Hesselmann, S.: Praxis der Projektplanung. Projektmanagement konkret, München 2014.

5. Balkenplan: Werkzeug und Beispiel (IT-Projekt)

Balkenplan: Arbeitspaket	**Zeit**	Apr.	Mai	Juni	Juli	Aug.	Sept.	Okt.	Nov.	Dez.
1. Ist-Analyse				30.06.						
1.1 Klärung der Anforderungen		30.04.								
1.2 Ist-Analyse der derzeitigen Situation			31.05.							
1.3 Benchmarking				30.06.						
2. Grobkonzept						31.08.				
2.1 Inhaltliches Lastenheft					25.07.					
2.2 Technisches Lastenheft					25.07					
2.3 Prüfung von Anbietern auf Grundlage der Lastenhefte					31.07.					
2.4 Bildung von Varianten und Entscheidung (Kosten-Nutzen)						31.08.				
3. Feinkonzept								31.10.		
3.1 Festschreibung des Lastenheftes							30.09.			
3.2 Spezifikation mit gewähltem Anbieter							30.09.			
3.3 Erstellung eines Applikations- und Umsetzungsplanes								31.10.		
4. Applikation									30.11.	
4.1 Realisierung der Applikation									30.11.	
4.2 ggf. Ergänzung des Umsetzungsplanes									30.11.	
5. Umsetzung										31.12.
5.1 Umsetzung gemäß Plan										31.12.
5.2 Offizieller Projektabschluss										31.12.

6. Mengengerüst und Ressourcenplan

Zielsetzung und Definition

Mit dem Mengengerüst werden die Projektschritte quantifiziert (z. B. Personentage, Kosten ...). Im Ressourcenplan werden alle relevanten Projektmittel erfasst, quantifiziert und als Planungsgrundlage verwendet. Beide Instrumente dienen dem Umsetzungscontrolling.

Einsatz, Wirkung und Nutzen

- **Richtiges Planen** eines Projektes im Sinn des Budgets
- **Abgleich der Ziele mit den Ressourcen** im Projekt
- Nutzung als **Analyseinstrument, Kalkulations- und Entscheidungshilfe**
- Identifikation von **Abweichungen und Fehlplanungen**
- Grundlage für **Fortschritts- und Umsetzungscontrolling**

Schlüsselbegriffe und Synonyme

Abweichungsanalyse, Mengengerüst, Projektbudget, Projektkalkulation, Projektplan, Ressourcenplan

Anwendung und Umsetzung

- Übernahme der **Projektschritte bzw. -aufgaben** aus dem Balkenplan
- **Quantifizierung der einzelnen Positionen** anhand relevanter Größen (Personentage, Kosten ...)
- Erarbeitung des **Ressourcenplans** über die Projektphasen, Kostenarten, Plan- und Istkosten
- Ermittlung von **Abweichungen bzw. Gegenmaßnahmen**
- Konsequente Verwendung als **Controlling-Instrument**

Quellen und Links

Meyer, H./Reher, H.: Projektmanagement: Von der Definition über die Projektplanung zum erfolgreichen Abschluss, Wiesbaden 2016.
Steinle, C./Eichenberg., T.: Handbuch Multiprojektmanagement und -controlling: Projekte erfolgreich strukturieren und steuern, Berlin 2014.

6. Mengengerüst und Ressourcenplan: Werkzeug und Beispiel (IT-Projekt)

Mengengerüst: Arbeitspaket	**Person**	Meier	Müller	Schulz	...	Summe in Tagen
1. Ist-Analyse						
1.1 Klärung der Anforderungen		1	6	1	...	12
1.2 Ist-Analyse der derzeitigen Situation		5	7	1	...	20
1.3 Benchmarking		1	1	10	...	...
2. Grobkonzept						
2.1 Inhaltliches Lastenheft auf Grundlage der Anforderungen		2	1	10	...	
2.2 Technisches Lastenheft (v. a. Kompatibilität mit „Nachbar-Systemen“)		2	1	1	...	
2.3 Prüfung von Anbietern auf Grundlage der Lastenhefte		1				
2.4 Bildung von Varianten und Entscheidung (Kosten-Nutzen)		1	10			
3. Feinkonzept						
3.1 Festschreibung des Lastenheftes (inhaltlich und technisch)		1	1	...		
3.2 Spezifikation mit gewähltem Anbieter		...	...			
3.3 Erstellung eines Applikations- und Umsetzungsplanes		...				
4. Applikation						
4.1 Realisierung der Applikation						
4.2 ggf. Ergänzung des Umsetzungsplanes						
5. Umsetzung						
5.1 Umsetzung gemäß Plan						
5.2 Offizieller Projektabschluss						
Summe in Tagen		25	40	...		

6. Mengengerüst und Ressourcenplan: Werkzeug und Beispiel (IT-Projekt)

Ressourcenplan: Projektphase	Ressource/Kostenart	Plankosten (in €)	Istkosten (in €)	Kostenabweichung/Maßnahmen (in €)
1. Analyse der Prozesse (Ist)	Personal	15.000	18.000	▪ plus 3.000 Abweichung ▪ Neuplanung ab Phase 2 (unterschätzter Aufwand), mehr ext. Support
	Material	500	400	▪ minus 100 (unerheblich)
	Fremdleistungen (Consulting)	10.000	10.050	▪ plus 50 (unerheblich)
	Projekt-Nebenkosten	3.000	2.500	▪ minus 500
2. Gestaltung der Prozesse (Soll)	Personal	...	...	...
	Material	...	...	
	Fremdleistungen (Consulting)	...		
	Projekt-Nebenkosten			
3. Umsetzung der Soll-Prozesse	...	...		
	...			

7. Leistungsmessung eines Projektes

Zielsetzung und Definition

Mit der Leistungsmessung wird beurteilt, ob ein Projekt echten Kundennutzen stiftet. Dies bezieht sich auf die drei Faktoren „Qualität – Zeit – Kosten". Die Leistungemessung ist damit wesentlicher Bestandteil des Qualitätsmanagements.

Schlüsselbegriffe und Synonyme

Leistungsmessung eines Projektes, Projekt-Audit, Projekt-KVP, Projekt-Qualitätsmanagement, Qualitätsmanagement

Einsatz, Wirkung und Nutzen

- Übersetzung von Projektzielen in konkreten **Kundennutzen**
- Leistungsbeurteilung hinsichtlich **Qualität, Zeit, Kosten**
- Identifikation von **Maßnahmen zum Gewährleisten bzw. Wiedererlangen des Leistungsversprechens**
- **Feedback zum Kundennutzen** an alle Beteiligten
- **Kern des Qualitätsmanagements bzw. Qualitätsaudits** in Projekten

Anwendung und Umsetzung

- Konkretisierung des **Projektziels als konkretes Leistungsversprechen**
- Ableitung von entsprechenden **Kennzahlen bzw. Messvorschriften**
- Definition von **Verantwortlichen und Takt zur Messung**
- Durchführung von **Abweichungsanalysen und Gegenmaßnahmen**
- Einbau in **Qualitätsmanagement bzw. KVP**

Quellen und Links

Burghardt, M.: Projektmanagement: Leitfaden für die Planung, Überwachung und Steuerung von Projekten, Berlin 2012.
Fiedler, R.: Controlling von Projekten: Mit konkreten Beispielen aus der Unternehmenspraxis, Wiesbaden 2016.

7. Leistungsmessung eines Projektes: Werkzeug und Beispiel (Landwirtschaft)

Projekt	Lebensmittel aus der Region		
Projektauftraggeber/Projektleiter	Präsidium Genossenschaft (Präsident: A. Huber)/B. Gantner		
Projektdauer	01.05. bis 31.10.		
Projektziel/Leistungsversprechen	Kennzahl/Messvorschrift	Verant-wortung	Takt der Messung
1. Plakatpräsenz in allen lokalen Kaufhäusern	Permanente Präsenz mit Plakaten bei 90 % der hoch frequentierten Lagen (vgl. Liste)	Meier	zweimal pro Woche
2. Werbeeinschaltung in lokalen Medien	Abwechselnde wöchentliche Schaltung in den Medien A, B, C (mindestens eine halbe Seite)	Henrik	wöchentlich
3. Verkaufspräsenz an den beiden Verkaufstagen Mittwoch und Samstag in allen Kaufhäusern	Präsenz mit drei bis fünf Ständen mit dem Grundsortiment plus ein bis zwei Spezialsortimenten	Gantner	zweimal pro Woche
4. Mindestumsatz bei xx Euro pro Stand plus Folgewirkung für Vermarktung	Umsatzprüfung pro Stand und Prüfung der Folgewirkung (Anzahl von Abo-Kisten, Haushaltsbelieferungsverträge ...)	Gantner	zweimal pro Woche
5. Kunden-Zufriedenheit	Zufriedenheit (in Form einer Kundennutzen-Erhebung) bzgl.: Frische/Optik, Attraktivität der Ware, Beratung, Freundlichkeit	Kolber	einmal pro Monat
6. ...	...	...	...

8. Tagesordnung und Protokoll

Zielsetzung und Definition

Mit der Tagesordnung werden Besprechungen aller Art vorbereitet, strukturiert, gesteuert und nachbereitet. Das Protokoll ist die schriftliche Zusammenfassung einer Besprechung.
Es soll sich klar auf Entscheidungen und Maßnahmen konzentrieren.

Schlüsselbegriffe und Synonyme

Agenda, Protokoll, Tagesordnung, Traktanden, Zeitplan

Einsatz, Wirkung und Nutzen

- Steigerung der **Wirksamkeit von Besprechungen**, v. a. der Resultatorientierung (insbesondere in Projekten)
- Nutzung als **Führungsinstrumente** in Besprechungen
- Basis für die **Vorbereitung und Strukturierung von Besprechungen** (insbesondere in Projekten)
- Vorlage für die **Ergebnisstruktur**
- Sicherstellung von **Aufmerksamkeit und „gesundem“ Leistungsdruck**

Anwendung und Umsetzung

- **Strukturierung der Besprechungszeit** anhand der Ziele des Treffens
- Ableitung der notwendigen **Vorbereitungsaufgaben und notwendigen Teilnehmer**
- Protokollierung der **Entscheidungen und Maßnahmen**
- **Ansteuern der Umsetzung** bereits durch Tagesordnung und Protokoll
- Tagesordnung und Protokoll als **Bestandteil in der Führungskräfte-Entwicklung**

Quellen und Links

Prudix, D.: Erfolgreiches Projektmanagement: Vom sicheren Umgang mit Menschen in Projekten, Wiesbaden 2016.
Stöger, R.: Wirksames Projektmanagement, Stuttgart 2010.

8. Tagesordnung und Protokoll: Werkzeug und Beispiel (Logistik)

Tagesordnung	Lenkungsausschuss Kostensenkungsprojekt	
Datum/Zeit	Donnerstag, 28.08., 08.00 bis 13.00	
Ort	Sitzungszimmer B02, 1. OG	
Einladung an	Geschäftsleitung, Projektteam	
von	A. Gruber	
Protokoll	M. Freisinger	
Zeit	Tagesordnungspunkte	Leitung
08.00	Begrüßung, Verlesung der Tagesordnung, Ziele des Tages	Gruber
	Präsentation der Ergebnisse der Kostenmodule M1 bis M6. Pro Modul wird Folgendes vorgestellt und entschieden: Kostensenkungspotenzial und Umsetzungsplan (Maßnahmen, Termine, Verantw.)	
08.20	M1: Auftragsleitstelle und Auftragssteuerung	Sieberer
09.00	M2: Kommissionierung	Pirchmoser
09.30	M3: Lager	Mayrhofer
10.00	M4: Fuhrpark	Pfluger
10.30	Pause	
10.45	M5: DV	Juffinger
11.15	M6: Administration, Buchhaltung, Personal	Thaler
12.00	Vorstellung der Umsetzungsphase inkl. Umsetzungscontrolling, Einbau in Budget und Zielvereinbarungen	Hochfilzer
12.30	Offene Punkte/weiteres Vorgehen	Gruber
13.00	Ende	

8. Tagesordnung und Protokoll: Werkzeug und Beispiel (Logistik)

Protokoll	Lenkungsausschuss Kostensenkungsprojekt
Datum/Zeit	Donnerstag, 28.08., 08.00 bis 13.00
Ort	Sitzungszimmer B02, 1. OG
Teilnahme	Geschäftsleitung, Projektteam
Protokoll	M. Freisinger
Ergebnisse	1. Die Ergebnisse der einzelnen Kostenmodule wurden präsentiert. Über das gesamte Unternehmen ergibt sich ein Potenzial von 5,3 Mio. € an einmaligen Effekten und ein jährliches Potenzial von 2,2 Mio. €. Die Zahlen setzen sich aus den einzelnen Kostenmodulen zusammen: ▪ M1: Auftragsleitstelle und Auftragssteuerung ▪ M2: Kommissionierung ▪ M3: Lager ▪ M4: Fuhrpark ▪ M5: DV ▪ M6: Administration, Buchhaltung, Personal 2. Sämtliche Informationen sind in der ausgeteilten Unterlage nachzulesen und im Laufwerk „L" unter „Kostenprojekt" abrufbar.

Maßnahmen

Nr.	Aufgabe	Termin	Verantw.
1	Start der Umsetzung per 01.09.: Bericht in jeder Geschäftsleitungssitzung (Umsetzung, Kostenwirkung)	31.12.	Gruber
2	Einbau der Maßnahmen und Kostenziele in die Budgets und Jahresziele	30.11.	Hochfilzer
3	...		

9. Projektübergabe und Abschlussbericht

Zielsetzung und Definition

Die Projektübergabe stellt sicher, dass sämtliche Resultate des Projektes und die künftige organisatorische Verantwortung an Linienfunktionen übergehen. Mit dem Abschlussbericht wird das Projekt finalisiert und nachvollziehbar abgelegt.

Einsatz, Wirkung und Nutzen

- **Professionelles Beenden** eines Projektes
- Sicherstellung **dauerhafter Wirkung** durch das Projekt
- Nachvollziehbare Dokumentation der wichtigsten **Projektunterlagen und Erkenntnisse**
- Grundlage für **systematisches, organisatorisches Lernen** aufgrund positiver und negativer Erfahrungen im Projekt
- Sicherstellung von **Resultat- und Umsetzungsorientierung im Projekt**

Schlüsselbegriffe und Synonyme

Abschlussbericht, Linienübergabe, Projektabschluss, Projekt-Linien-Schnittstelle, Projekttransfer, Projektübergabe

Anwendung und Umsetzung

- **Frühzeitiges „Ansteuern"** der Übergabe und des Abschlussberichts
- Entwicklung der **Projektübergabe**: Übergabedatum, Beteiligte, Projektziel, Phasen, aktuelle Situation im Projekt, Übergabe der AKV, Umsetzungscontrolling
- Erarbeitung des **Abschlussberichts**: Gesamtfeedback, Zielerreichung, Ressourcen, Organisation, Lessons learnt für andere Projekte, Projektübergabe, Projekthandbuch
- Sicherstellung der **Dokumentenablage**
- Abschließende **Entlastung des Projektteams** bzw. allfällige Personalbeurteilung

Quellen und Links

Drews, G./Hillebrand, N.: Praxishandbuch Projektmanagement, Freiburg 2015.
Schelle, H.: Projekte zum Erfolg führen, München 2014.

9. Projektübergabe: Werkzeug und Beispiel (Stadtwerke)

Projekt	Kooperation Millenium (Energie-Dienstleister)
1. Übergabe per	01.12.
2. Projektbeteiligte	▪ Auftraggeber und Projektausschuss: E-Werk A (Meier), Stadtwerke B (Müller), Energie C (Schmidt) ▪ Projektleitung und Verantwortung für Projektübergabe: Berger
3. Projektziel	▪ Erschließung Kooperationspotenziale bezüglich Einkauf, Lager, Werkhöfe, Gerätepool, Leit- und Schutzsysteme ▪ Einsparungsziel von 13 Mio. €
4. Phasen und Meilensteine	▪ Analyse der Potenziale (01.03 bis 31.08) ▪ Maßnahmen zur Potenzial-Erschließung (01.09 bis 30.11.) ▪ Projektübergabe und Start der Umsetzung (01.12.)
5. Aktuelle Situation im Projekt	▪ Die Potenziale sind mit ca. 15 Mio. € erschlossen. ▪ Relativ rasch umsetzbar sind die Bereiche: Einkauf, Lager/Werkhöfe, Gerätepool, Leit- und Schutzsysteme. ▪ Umsetzungsmaßnahmen liegen vor und können gestartet werden.
6. Übergabe von: ▪ Aufgaben ▪ Kompetenzen ▪ Verantwortung	▪ Die Umsetzungsmaßnahmen sind pro Kooperationsunternehmen festgelegt. Als Umsetzungsverantwortliche pro Unternehmen fungieren: E-Werk A (Pestalozzi), Stadtwerke B (Rogge), Energie C (Steiner). ▪ Die Potenziale, die sich aus dem Zusammenschluss definierter Funktionen und Prozesse über alle Kooperationsunternehmen ergeben, liegen vor. Die Umsetzungsverantwortung hat Helmer. Unterstützt wird Helmer hierbei von folgenden Personen: E-Werk A (Hagen), Stadtwerke B (Tronje), Energie C (Wagner). ▪ Die Umsetzung des Personalthemas wird von Schulte-Henkel verantwortet. Die offenen Punkte werden mit den Betriebsräten geklärt (Statusbericht bis 20.12.).
7. Umsetzungs-controlling	▪ Verantwortung: Helmer (ab 01.12.) ▪ Umsetzungsausschuss: E-Werk A (Meier, Berger), Stadtwerke B (Müller, Helmer), Energie C (Schmidt) ▪ Bericht: jeden ersten Montag im Monat 13:00 bis 18:00

9. Abschlussbericht: Werkzeug und Beispiel (Rettung)

Projekt	Reorganisation Rettungsnetz (Sanitätsdienstleister)
1. Datum	06.10.
2. Bericht durch	M. Oberhofer (Projektleiter) – genehmigt durch Projektgruppe beim Gespräch am 06.10.
3. Gesamtfeedback	▪ In Summe ist die Projektgruppe mit den Resultaten, der Methodik und der Übergabe/Umsetzung zufrieden. ▪ Verbesserungspunkte sind identifiziert.
4. Reflexion Zielerreichung	▪ Alle gesteckten Ziele wurden inhaltlich erreicht. Der ursprüngliche Zeitplan wurde um zwei Monate überschritten (keine negative Auswirkung auf die Umsetzung). ▪ Die Grundlogik der Phasen hat sich im Wesentlichen bewährt. Regelmäßig fanden Reflexionsrunden und Standortbestimmungen statt.
5. Reflexion Ressourcen	▪ Die Projektressourcen wurden deutlich überschritten (plus 20 %). ▪ Unterschätzt wurden v. a.: Reisekosten, Arbeitszeit.
6. Reflexion Organisation, AKV und Spielregeln	▪ Die Projektorganisation war zweckmäßig. ▪ Die anfänglich zu geringe Einbindung der Niederlassungen wurde rasch verändert.
7. Lessons learnt für andere Projekte	▪ Die Ressourcenplanung muss von Anfang an präziser sein. ▪ Die Beteiligten (insbesondere alle Umsetzer) sind frühzeitiger einzubinden.
8. Projektübergabe	▪ Die Projektübergabe ist am 30.09. erfolgt. ▪ Die wichtigsten Ziele sind in der Zielvereinbarung für das nächste Jahr aufgenommen.
9. Dokumentation/ Projekthandbuch	▪ Die physische Projektdokumentation findet sich bei M. Oberhofer. ▪ Die elektronische Dokumentation aller Dateien ist im Laufwerk „P“.
10. Verteiler	▪ Geschäftsführung, Leiter Organisation, Projektgruppe, Landes-Niederlassungsleiter

KULTUR UND CHANGE
WANDLUNGSFÄHIGKEIT

Werkzeug-Navigator

1. Diagnose und Gestaltung der Unternehmenskultur
2. Change-Management-Audit
3. Veränderungstreiber
4. Transformationslandkarte
5. Stakeholder-Management
6. Kommunikationsmatrix
7. Umsetzungscontrolling
8. Resultatbericht

1. Diagnose und Gestaltung der Unternehmenskultur

Zielsetzung und Definition

Die Unternehmenskultur umfasst alle Werte, Normen, die Geschichte, das Selbstverständnis, die gemeinsame Sprache und Denke, alle Erfahrungs- und Deutungsmuster. Unternehmenskultur wird maßgeblich von den Führungskräften bestimmt.

Schlüsselbegriffe und Synonyme

Kultur, Selbstverständnis, Unternehmenskultur, Unternehmensnormen, Unternehmensphilosophie, Unternehmenswerte

Einsatz, Wirkung und Nutzen

- Gezielte **Bestandsaufnahme der Kultur** in einem Unternehmen oder Teilen eines Unternehmens
- Gemeinsame **Definition von Kultur-Zielen** („Soll")
- Grundlage für **gezielte Kultur-Impulse**
- Entwicklung einer **gemeinsamen Sichtweise auf die Kultur**
- **Sensibilisierung** für das Thema Unternehmenskultur – speziell bei Führungskräften, Entscheidungsträgern und Meinungsbildnern

Anwendung und Umsetzung

- Aufnahme der **Diagnose** der Unternehmenskultur (Einzelinterviews, Workshops ...)
- Darstellung der **Ist- und einer Ziel-Ausprägung** der Unternehmenskultur
- Entwicklung von **Maßnahmen zur Gestaltung** der Unternehmenskultur
- Prüfung der **Wirksamkeit** der Maßnahmen
- Verknüpfung der Ansätze mit **Strategie, Struktur und Personal- bzw. Führungskräfteentwicklung**

Quellen und Links

Harvard Business Review Press: On Strategy, Boston 2011.
Homma, N.: Unternehmenskultur und Führung, Wiesbaden 2015.

1. Diagnose und Gestaltung der Unternehmenskultur: Werkzeug und Beispiel (Handel)

Diagnose-Kriterium	trifft keinesfalls zu	trifft vollständig zu
1. Wir verfügen über eine Kultur der Resultate. Markt und Kunde stehen im Vordergrund.		
2. Unsere Kultur fördert und ermöglicht Leistung. Mikropolitik und Selbstdarstellung sind nicht akzeptiert.		
3. Wir orientieren uns als Unternehmen und bei der Entwicklung von Menschen an Stärken.		
4. Die Mitarbeiter und Führungskräfte sind stolz auf das Unternehmen und die gemeinsamen Resultate.		
5. Alles, was wir als Spezialisten, in Funktionen bzw. Abteilungen tun, misst sich nur am Erfolg für das Ganze.		
6. In unserer Kultur haben Bereichsdenken, Suboptimierung und Status keinen Platz.		
7. Wir sind umsetzungsstark, weil wir uns nur auf wenige und dafür entscheidende Themen konzentrieren.		
8. Unsere Kultur ist eine des konstruktiven Denkens bzw. Handelns und der Selbstmotivation.		
9. Unsere Führungskräfte gehen mit gutem Beispiel voran und halten ein, was sie sagen.		
10. Unsere Kultur ist eine des Vertrauens, der Verantwortung, der Verlässlichkeit und des Respekts.		

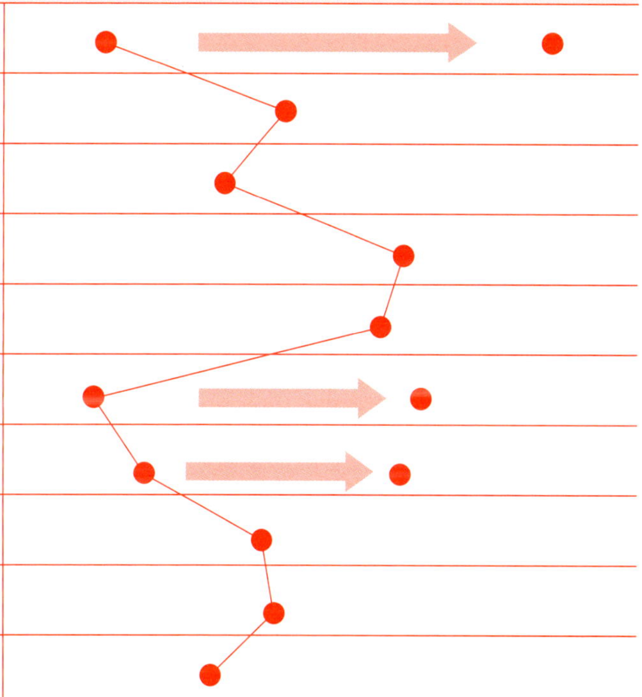

1. Diagnose und Gestaltung der Unternehmenskultur: Werkzeug und Beispiel (Handel)

Gestaltung und Impulse für die Unternehmenskultur			
Nr.	**Kulturindikatoren/Maßnahme**	**Termin**	**Verantw.**
1.	Resultatorientierung: Prüfung der Sitzungen und Vorschlag zur deutlichen Produktivitätssteigerung	31.05.	Müller
2.	Umsetzungsstärke: „Führen mit Zielen" auch für die 3. Führungsebene und Mitarbeiter mit Schlüsselaufgaben (Projekte ...)	30.06.	Dorfer
3.	Fokus auf das Gesamtergebnis und nicht auf ein Bereichsoptimum: Überarbeitung der Bonusregelung im Sinn der Stärkung des „Ganzen" (Vermeidung von Bereichsoptima auf Kosten des Ganzen)	30.06.	Demmer
4.	Handwerkliche Professionalität: Einführung eines gesamthaften Projektmanagements mit dem Fokus auf Verbesserung der Projekt-Durchlaufzeiten um mindestens 30 %.	30.06.	Heinetz
5.	...		

Prüfung der Wirksamkeit			
Nr.	**Maßnahme**	**Termin**	**Verantw.**
1.	Durchführung einer Kulturdiagnose mit (selbst-) kritischer Prüfung des Fortschritts generell und insbesondere in den aktuellen Themenschwerpunkten	31.12.	Dorfer
2.	Messung der Wirksamkeit bei: Sitzungsmanagement und Projektmanagement	31.12.	Heinetz
3.	...		

2. Change-Management-Audit

Zielsetzung und Definition

Change-Management umfasst alle Aufgaben und Werkzeuge zur Initiierung, Steuerung und Umsetzung von Veränderungsprozessen. Dazu gehören sowohl die rational-sachbezogene Dimension als auch die emotional-zwischenmenschliche Dimension.

Schlüsselbegriffe und Synonyme

Change-Diagnose, Change-Management-Audit, Change-Kultur, Veränderungsbereitschaft, Veränderungsfähigkeit, Veränderungskultur

Einsatz, Wirkung und Nutzen

- Erkennen von professionellem **Change-Management als Voraussetzung für Neues**
- Selbstkritische Prüfung der **Veränderungsfähigkeit und Veränderungsbereitschaft**
- Entwicklung in Richtung einer **Kultur des Wandels und der Erneuerungsfähigkeit**
- Entwicklung von **Impulsen für Change**
- Regelmäßige **Diagnose der Veränderungskultur**

Anwendung und Umsetzung

- **Integration des Audits** in das gesamte Change-Programm
- Entwicklung eines **Change-Profils anhand der Erfolgsfaktoren**
- **Beurteilung der Situation** im Ist und in einem Soll
- Erarbeitung von **Maßnahmen zur Gestaltung des Change**
- Prüfung der **Wirksamkeit der Maßnahmen**

Quellen und Links

Doppler, K./Lauterburg, C.: Change Management: Den Unternehmenswandel gestalten, Frankfurt 2014.
Kotter, J.: Leading Change, München 2011.

2. Change-Management-Audit: Werkzeug und Beispiel (Versicherung)

Change-Profil

Erfolgsfaktor	negativ	Profil der Ausprägung	positiv
1. Vermittlung des Sinns der Veränderung (Nutzen für Kunden, Leistung ...)	nicht vorhanden oder nur vage		klar vorhanden und nachvollziehbar
2. Verdeutlichung der Notwendigkeit der Veränderung	nicht oder nur der Führung bekannt		breit verstanden und verinnerlicht
3. Resultatorientierung in allen Phasen der Veränderung	zufällig, nicht vorhanden		in allen Phasen gegeben
4. Echte Spürbarkeit der Veränderung	zu wenig ausgeprägt oder zu spät		relativ früh schon vorhanden und bekannt
5. Koalition für die Umsetzung des Neuen	nicht vorhanden, rein zufällig, nicht gesteuert		existiert von Anfang an und wird entwickelt
6. Macht, Einfluss und die Besten	unterschätzt, nicht gesteuert bzw. zufällig		identifiziert und entwickelt
7. Methodische Kompetenz in allen Phasen der Veränderung	nicht vorhanden, nicht gesteuert		früh aufgezeigt und systematisch eingesetzt
8. Nutzung von Change-Management-Controlling	unbekannt, nicht gezielt eingesetzt		von Anfang an in das Neue eingebaut
9. Kultur des Vertrauens	Misstrauen, Status, Profilierung, Prestige		vorhanden, für die Veränderung genutzt
10. Vorbildwirkung der Führung	macht-/geldgetrieben, unglaubwürdig		vorhanden, auf Resultate gestützt

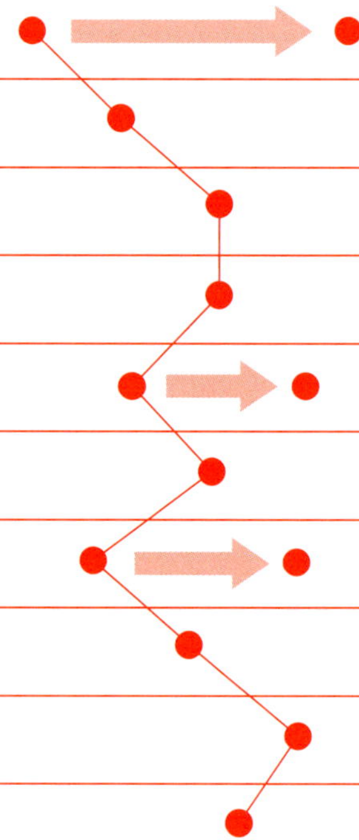

2. Change-Management-Audit: Werkzeug und Beispiel (Versicherung)

Gestaltung und Impulse für das Change-Management			
Nr.	**Erfolgsfaktor/Maßnahme**	**Termin**	**Verantw.**
1.	Vermittlung des Sinns der Veränderung: Besseres und v. a. verständlicheres Herausstreichen des Nutzens und der Notwendigkeit der Veränderung bei Schlüsselprojekten	per sofort	Plante
1.	Vermittlung des Sinns der Veränderung: Verpflichtendes Change-Management-Training für die ersten beiden Führungsebenen und alle künftigen Projektleiter (Ziel: Schulungsgrad bis 31.12.: 80 %)	31.12.	Bonheim
5.	Koalition für die Umsetzung des Neuen: Höhere Gewichtung des gemeinsamen Resultates bei der Leistungsfeststellung (MbO) und bei der Prämienregelung	30.06.	Pages
7.	Methodische Kompetenz in allen Phasen des Veränderungsprozesses: Vereinheitlichung der Planungs- und Strukturierungsdokumente bei Unternehmensprojekten	30.06.	Johns
...	...		

Prüfung der Wirksamkeit			
Nr.	**Maßnahme**	**Termin**	**Verantw.**
1.	Durchführung eines Change-Management-Audits im ersten Quartal des Folgejahres	28.02.	Müller
2.	Beurteilung der methodischen Qualität des Projektmanagements mit Bericht zu Händen der GL (Kriterien: Übersichtlichkeit, Beitrag zur Entscheidungsfindung, Umsetzungsorientierung)	30.11.	Geltendorf
3.	...		

3. Veränderungstreiber

Zielsetzung und Definition

Veränderungstreiber sind all diejenigen Faktoren, die ein Change-Vorhaben positiv oder negativ beeinflussen. Für die Steuerung des Veränderungsprozesses ist die Kenntnis und Beeinflussung dieser Treiber notwendig.

Schlüsselbegriffe und Synonyme

Change-Hebel, Change-Treiber, Veränderungsfaktoren, Veränderungshebel, Veränderungsimpulse, Veränderungstreiber

Einsatz, Wirkung und Nutzen

- Transparenz und **Klarheit über unterstützende und hindernde Treiber der Veränderung**
- Identifikation der spezifischen **Erfolgsfaktoren und Gefahren im Veränderungsprozess**
- Veränderungstreiber als fixer **Bestandteil in jedem Change-Prozess und -Projekt**
- Entwicklung einer **gemeinsamen Sichtweise im Change-Team** bzw. bei allen Change-Beteiligten
- **„lessons learnt" für andere Change-Themen** in Zukunft

Anwendung und Umsetzung

- **Reflexion aller am Change Beteiligten** über fördernde bzw. hindernde Treiber
- Identifikation aller **fördernden Faktoren für die Veränderung**
- Darstellung aller **hindernden Faktoren für die Veränderung**
- Entwicklung von **Maßnahmen zur Verstärkung der fördernden und Vermeidung der hindernden Faktoren**
- **Einbau der Maßnahmen in den Gesamtplan** für das Change-Vorhaben

Quellen und Links

Berner, W.: Culture Change: Unternehmenskultur als Wettbewerbsvorteil, Stuttgart 2012.
Malik, F.: Navigieren in Zeiten des Umbruchs, Frankfurt 2015.

3. Veränderungstreiber: Werkzeug und Beispiel (Bank)

Fördernde Faktoren für die Veränderung	Hindernde Faktoren für die Veränderung
1. Von allen geteilte Einsicht in die Notwendigkeit von Veränderungen angesichts der negativen Geschäftsentwicklung 2. Transparenter Veränderungsprozess 3. Vertrauen innerhalb des Change-Teams 4. Vorhandene Ressourcen für die Veränderung (Personalkapazitäten, Infrastruktur ...)	1. Fehlende methodische Kompetenz bei den meisten Führungskräften 2. Ein nur rudimentäres Kommunikationskonzept 3. In vielen Fällen zu viel „Basis-Demokratie" mit zu wenig Verbindlichkeit und Konsequenz 4. Zwar hoher Zeiteinsatz, aber zu wenig Umsetzungsorientierung

Nr.	Maßnahme	Termin	Verantwortung
1.	Erarbeitung eines Kommunikationskonzeptes (Kommunikationsmatrix) bezüglich der wichtigsten Stakeholder im Projekt	30.03.	Müller
2.	Einbau der Umsetzungsorientierung in: ▪ alle Meetings (Fixpunkt auf der Agenda) ▪ Methoden (Maßnahmenlisten)	per sofort	Schulze
3.	Methodentraining bei den betroffenen Führungskräften: Arbeitsmethodik, Projektführung, Projekt-Management, Change-Management	30.04.	Golowski
4.	Klare AKV in Form eines Funktionendiagramms zur Steigerung der Verbindlichkeit und Verantwortlichkeit	30.04.	Müller
5.	...		

4. Transformationslandkarte

Zielsetzung und Definition

In der Transformationslandkarte werden die heutigen und künftigen Treiber des Geschäftes dargestellt. Es geht dabei um eine bewusste Zuspitzung im Sinn der „Alten Welt" und „Neuen Welt". Ziel sind eine gemeinsame Sichtweise und klare Change-Themen.

Schlüsselbegriffe und Synonyme

Change-Faktoren, Change-Treiber, Innovationstreiber, strategische Treiber, Transformationslandkarte, Transformatoren, Veränderungstreiber

Einsatz, Wirkung und Nutzen

- **Gemeinsame Sichtweise bei den Verantwortlichen über die Veränderungen** im Geschäft
- Zwang zur **prägnanten und zugespitzten Formulierung**
- Ausgangspunkt für **Veränderungsprogramme** (Strategie, Innovation, Geschäftsmodell ...)
- Transformationslandkarte als **Ideenquelle für künftige Schwerpunkte** („Neue Welt")
- Bestandteil im **strategischen Controlling und Risiko-Radar**

Anwendung und Umsetzung

- Identifikation der wesentlichen **Treiber für das Geschäft** (Markt, Kunden, Wettbewerb, Leistungen ...)
- Prägnante Beschreibung dieser **Treiber im bisherigen Geschäft im Sinn der „Alten Welt"**
- Zugespitzte und provokative Beschreibung dieser **Treiber für das künftige Geschäft im Sinn der „Neuen Welt"**
- Einbau der Resultate in **Change-, Innovations- und Strategie-Prozesse**
- **Regelmäßige Prüfung** dieser Transformationslandkarte im Sinn eines jährlichen Checks

Quellen und Links

Lauer, T.: Change-Management, Berlin 2014.
Stöger, R.: Die Toolbox für Manager, Stuttgart 2016.

4. Transformationslandkarte: Werkzeug und Beispiel (Anlagenbau)

Alte Welt		Neue Welt
1. Sehr großer Anteil mittelständischer Kunden mit großer Geschäftskenntnis und hoher Technikkompetenz	→	1. Konsolidierung auf Kundenseite und immer mehr Entscheider mit geringer Technikkompetenz
2. Abgegrenzte Lieferpakete bzw. nur selektive Dienstleistungen	→	2. Zunehmende Nachfrage nach Systemlösungen, steigende Bedeutung industrieller DL
3. Dominierende Marktstellung in Süd-Amerika, geringe Wettbewerbsintensität	→	3. Steigende Wettbewerbsintensität, Angriffe in fast allen Wertschöpfungsstufen
4. Nordamerikanische Lieferantenstruktur bei fast allen Leistungen und hoher Anteil an Eigenfertigung	→	4. Internationale Lieferantenstruktur mit relativ niedrigem Anteil an Eigenfertigung
5. (Selbst-)Beschränkungen der Lieferanten und klar abgegrenzte Verträge	→	5. Entwicklung zahlreicher Lieferanten zu Systemlieferanten und zur Konkurrenz
6. Ausgeprägter Qualitätsmarkt in fast allen Segmenten (wenig Veranlassung zu Kostenmanagement)	→	6. Szenario eines immer intensiver werdenden Preiswettbewerbs und Notwendigkeit zur Kostenoptimierung
7. Traditionelle Erlösquelle: Vertrieb von „Hardware" (inkl. Installation, Schulung etc.)	→	7. Notwendigkeit zur Erweiterung des Geschäftsmodells (Bsp. Betreiber-Modelle ...)

Umsetzungsmaßnahmen

Nr.	Maßnahme	Termin	Verantw.	Status
1.	Entwicklung von Systemlösungen unter Einbeziehung von Betreibermodellen und Akquisition von zwei Pilotkunden	31.10.	Diaz	
2.	Erarbeitung eines Programms zur Produktivitätssteigerung in allen Werken	31.12.	Goller	
3.	...			

5. Stakeholder-Management

Zielsetzung und Definition

Stakeholder sind Anspruchs- bzw. Interessensgruppen an einem Unternehmen, einem Projekt oder einer Leistung (Eigentümer, Führungskräfte, Mitarbeiter, Interessensverbände, Lieferanten, Kunden ...). Das aktive Stakeholder-Management ist Kern in jedem Veränderungsprogramm.

Schlüsselbegriffe und Synonyme

Anspruchsgruppen, Interessensgruppen-Steuerung, Stakeholder-Monitoring, Stakeholder-Radar, Stakeholder-Management, Stakeholder-Strategie

Einsatz, Wirkung und Nutzen

- Entwicklung einer **gemeinsamen Sichtweise innerhalb des Change-Teams** über die Stakeholder
- Klarheit über **Interessen und Einflussnahme der Stakeholder** auf den Erfolg bzw. Misserfolg des Change-Programms
- **Nutzung der Stakeholder für die Umsetzung** des Change-Programms
- **Minimierung von Zufällen bzw. Risiko** in der Umsetzung
- Deutliche **Erhöhung der Erfolgswahrscheinlichkeit** von Change-Programmen

Anwendung und Umsetzung

- Bestimmung der für das Change-Programm **relevanten Stakeholder**
- Klärung der **Interessen der Stakeholder**
- Darstellung aller **Möglichkeiten der Einflussnahme** der Stakeholder auf das Change-Programm
- Entwicklung von **Maßnahmen zum gezielten Stakeholder-Management**
- Steuerung der Stakeholder als **integraler Bestandteil in Change-Programmen**

Quellen und Links

Baur, M./Kantowsky, J./Schulte, A.: Stakeholder Management in der Restrukturierung: Perspektiven und Handlungsfelder in der Praxis, Berlin 2015.

Hentze, J./Thies, B.: Stakeholder-Management und Nachhaltigkeits-Reporting, Berlin 2014.

5. Stakeholder-Management: Werkzeug und Beispiel (Einzelhandel)

Change-Projekt	**Segmentierung des Geschäftes in Highline und Vollsortiment**				
Verantwortung	**Schmidt**				
Stakeholder	Interessen der Stakeholder	Einflussnahme der Stakeholder	Maßnahme zur Steuerung	Termin	Verantwortung
1. Mitarbeiter	▪ Arbeitsplatz-Sicherheit ▪ keine Versetzung mit großer Distanz ▪ teilweise: keine Veränderung des Gewohnten (Sicherheit)	▪ grundsätzlich Unterstützung des Konzepts (v. a. in strukturschwachen Regionen) ▪ Kündigung bei großen räuml. Veränderungen	▪ regelmäßiger Bericht des Umsetzungserfolgs in der Betriebszeitung ▪ lokale Change-Tage mit dem Top-Management	31.12.	Schmidt
2. Führungskräfte in den Läden	▪ Erhalt der Gestaltungsmöglichkeiten ▪ Arbeitsplatz-Sicherheit ▪ teilweise: keine Veränderung des Gewohnten (Sicherheit)	▪ aktive Umsetzung des neuen Modells ▪ teilweise: Beweis von der Richtigkeit des Alten	▪ Ausbau der Management-Verantwortung in den Läden ▪ neues Bonus-Modell ▪ lokale Change-Tage mit dem Top-Management	30.06. 30.06. 31.12.	Meier Gentner Orth
3. Mitarbeiter-Vetreter	…		…		
…					

6. Kommunikationsmatrix

Zielsetzung und Definition

Die Kommunikationsmatrix ist die Basis für wirksame Kommunikation an alle Stakeholder. Sie fasst zusammen, welche Zielgruppe mit welchen Inhalten durch welches Medium informiert wird. Entsprechende Verantwortlichkeiten, Termine und Maßnahmen sind definiert, damit die Umsetzung funktioniert.

Schlüsselbegriffe und Synonyme

Informationsmatrix, Kommunikationsmatrix, Kommunikationsportfolio, Kommunikationsprogramm, Kommunikationstabelle, Stakeholder-Kommunikation

Einsatz, Wirkung und Nutzen

- Schaffung der Grundlagen für **wirksame Kommunikation zu den Stakeholdern**
- **Gemeinsame Entwicklung und Meinung** bzgl. des Kommunikationsprogramms
- **Klarheit über die Kommunikationserfordernisse** bei Veränderungen
- Finden des **richtigen Maßes an Kommunikation**
- **Gezielte Kommunikation und Minimierung des Risikos** von Fehlinformation, Missverständnissen

Anwendung und Umsetzung

- Klarheit über die **gemeinsamen Ziele der Kommunikation**
- Identifikation der **relevanten Zielgruppen**
- Entwicklung der **Ziele bzw. Inhalte der Kommunikation**
- Darstellung der **Umsetzung**: Gremium, Medium, Takt, Verantwortlichkeit
- **Integration der Kommunikationsmatrix** in das gesamte Change-Programm

Quellen und Links

Merten, K.: Konzeption von Kommunikation. Theorie und Praxis des strategischen Kommunikationsmanagements, Wiesbaden 2013.
Schüller, A.: Kommunikation in Zeiten der digitalen Transformation, Offenbach 2016.

6. Kommunikationsmatrix: Werkzeug und Beispiel (Industrie)

Change-Projekt	**Marktentwicklung Nordamerika**			
Projektleitung	**Ebner**			
Zielgruppe	Ziele/Inhalt	Gremium/Medium	Takt	Verantwortung
1. Aufsichtsrat und Beirat	▪ Status Umsetzung und Schlüsselmaßnahmen ▪ Termin- und Budgeteinhaltung ▪ Unvorhergesehenes/notwendige Entscheidungen	AR-/BR-Sitzungen/ Info-Schreiben	monatlich	Ebner
		Generalversammlung/ Info-Schreiben	einmal p. a.	Reinolf
2. Führungskreis: GF, Ebene I und II	▪ Status Umsetzung und Schlüsselmaßnahmen ▪ Termin- und Budgeteinhaltung ▪ Kernthemen für die Funktionen (Ausblick auf Projektübergabe) ▪ Unvorhergesehenes/notwendige Entscheidungen	GF und Führungskreis-Sitzungen I und II/Handout bzw. Protokoll	monatlich	Ebner
3. Mitarbeiter	Alle Mitarbeiter: ▪ Überblick zum Projekt (Hintergründe ...) ▪ Status Umsetzung und Schlüsselmaßnahmen	Mitarbeiterversammlung/ keine Unterlagen	pro Quartal	Helbling
	Mitarbeiter in den einzelnen Abteilungen: ▪ Überblick zum Projekt (Hintergründe ...) ▪ Status Umsetzung und Schlüsselmaßnahmen ▪ Konsequenzen für die Abteilungen	pro Abteilung/ keine Unterlagen	pro Quartal	Abteilungsleiter/Helbling
4. Betriebsrat	...	...		
...	...			

7. Umsetzungscontrolling

Zielsetzung und Definition

Mit dem Umsetzungscontrolling wird die Umsetzungsphase in Veränderungsprogrammen gezielt gesteuert. Es geht im Kern darum, die Verantwortlichkeit für Resultate und klare Berichtswege sicherzustellen.

Schlüsselbegriffe und Synonyme

Resultatsteuerung, Umsetzungscontrolling, Umsetzungsreporting, Umsetzungsmanagement, Umsetzungssteuerung

Einsatz, Wirkung und Nutzen

- Erhöhung der **Umsetzungschancen eines Veränderungsprogramms**
- Sicherstellung und Ausbau von **Umsetzungs- und Resultatorientierung** in einem Unternehmen
- Steigerung der **Verbindlichkeit von Veränderungprogrammen**
- Klarheit über **Verantwortlichkeiten und Reporting**
- **Transparenz des Umsetzungsprozesses** für alle Beteiligten

Anwendung und Umsetzung

- Identifikation der **Berichtseinheiten des Change-Programms**
- Klärung der **AKV zur Umsetzung** (Aufgaben, Kompetenzen, Verantwortlichkeiten)
- Festlegung von **Sitzungstakt und Vorlage der Resultatberichte**
- **Verankerung des Umsetzungscontrollings** in den Führungsprozessen (Zielvereinbarung ...)
- Verbindung mit den **Planungs- und Reporting-Systemen**

Quellen und Links

Covey, S.: Umsetzung, Offenbach 2014.
Kolbusa, M.: Umsetzungsmanagement, Wiesbaden 2013.

7. Umsetzungscontrolling: Werkzeug und Beispiel (Bank)

Change-Programm	**„Reorganisation 2020“**	
Person/Gremium	Aufgaben/Kompetenzen/Verantwortlichkeiten	Sitzungstakt/Vorlage Bericht
1. Gesamtverantwortung: Sprecher Vorstand (Baumann)	▪ Resultatbericht zum Gesamtprojekt ▪ Gesamtverantwortung für Umsetzung und Weiterentwicklung der Reorganisation ▪ Kommunikation nach innen und nach außen	▪ Quartalsbericht an AR und Beirat ▪ halbjährlicher Bericht bei Mitarbeiter-Versammlung
2. Task-Force „Reorganisation“ (Baumann, Vorstand, Modulverantw., Petter)	▪ Resultatberichte der einzelnen Umsetzungsverantwortlichen ▪ Abnahme der Themen und Maßnahmen ▪ Entscheidungen für neue Themen, Kommunikation	▪ Sitzung: erster Dienstag pro Monat (08.00 bis 12.00) ▪ Protokoll: Petter
3. Modulverantwortliche (gemäß Modulliste)	▪ Resultatberichte zur Umsetzung der Schwerpunkte (Module) gemäß Aufgabenverteilung ▪ Verantwortung für: professionelles Projektmanagement, Kommunikation, Weiterentwicklung der Themen	▪ monatliche Resultatberichte an: Stabsstelle/Führungsteam ▪ Takt, Berichte ...: autonom zu gestalten
4. Stabsstelle „Business-Development“ (Petter)	▪ Sammlung/Zusammenfassung: Resultatberichte, Zahlenwerk ▪ Dokumentation ▪ Protokollierung der wichtigsten Sitzungen ▪ methodische Unterstützung bzw. „Wadelbeißen“	▪ monatliche Resultatberichte an Führungsteam

8. Resultatbericht

Zielsetzung und Definition

Der Resultatbericht ist die Darstellung der konkret erreichten Ergebnisse eines Veränderungsprogramms (Strategie, Innovation, Produktivität ...). Neben den erreichten Resultaten werden auch ein Ausblick gegeben und erforderliche Entscheidungen angemahnt.

Schlüsselbegriffe und Synonyme

Ergebnisbericht, Ergebniscontrolling, Resultatbericht, Resultatcontrolling, Umsetzungsbericht, Umsetzungsreport

Einsatz, Wirkung und Nutzen

- Fokussierte **Darstellung von echten Ergebnissen**
- Ausblick auf die **nächsten zu erreichenden Resultate**
- **Steigerung der Verantwortlichkeit** für Ergebnisse
- **Transparenz des Verfahrens und gemeinsames Verständnis** zu einem Resultat
- Beitrag zu einer **Kultur der Leistungsorientierung und der Umsetzung**

Anwendung und Umsetzung

- Darstellung **der in der aktuellen Berichtsperiode konkret erreichte Resultate**
- Auflistung der **zu erreichenden Resultate**
- Aufzeigen erforderlicher **Schlüsselentscheidungen oder zusätzliche Abstimmung**
- Entscheidungsvorlage für **neue Themen bzw. allfällige Veränderung des Programms**
- **Einbau des Resultatberichts** in die entsprechenden Gremien bzw. Führungsprozesse

Quellen und Links

Mintzberg, H.: Managen, Offenbach 2014.
Stöger, R.: Die Toolbox für Manager, Stuttgart 2016.

8. Resultatbericht: Werkzeug und Beispiel (Energieversorger)

Change-Projekt	**Neuausrichtungsstrategie**
Umsetzungsbericht	Umsetzung: Geschäftsmodell „Energieversorgung“
Datum/Verantwortung	16.05.201x/Müller
1. Resultate der aktuellen Berichtsperiode	▪ komplette Umsetzung der neuen Regulierungsrichtline RR 67-02 inkl. der begleitenden Prozesse (Faktura ...) ▪ Aufbau von drei weiteren erfahrenen Mitarbeitern zu Projektleitern ▪ weitere Verbreiterung des Bezugsportfolios, v. a. Gas und Alternativenergie ▪ Umsetzung Contracting Mittlere Anlagen und Anlagen für Großkunden A, B, C
2. Resultate der nächsten Berichtsperiode	▪ Ausbau Nahwärme gemäß Projektierung ▪ Umsetzung Vertriebskonzept für Gewerbekunden ▪ Überarbeitung und Umsetzung „neues Pricing“ ▪ Forcierung Energieausweise ▪ weiterer Aufbau von fünf Projektleitern
3. Erforderliche Schlüssel-entscheidungen oder Abstimmung	▪ konzertierte Vertriebsaktion in Richtung Industriekunden, v. a. Ausbau Contracting Großanlagen ▪ Einstellung der Installationsaktivitäten ▪ Prüfung einer Kundennutzen-Erhebung im Frühjahr 201x mit entsprechender Anbindung an das bestehende Qualitätsaudit
4. Neue Themen/ Veränderung des Programms	▪ Prüfung Kooperation „Energie“ mit Stadtwerken X, Y und Z

INTEGRIERTE LÖSUNGSARCHITEKTUREN
RESULTATORIENTIERUNG

Lösungsarchitektur-Navigator

1. Strategieentwicklung
2. Innovationsprogramm
3. Produktivitätssteigerung
4. Organisationsentwicklung
5. Kooperation bzw. Integration
6. KVP-Programm bzw. Kaizen
7. Kulturentwicklung

1. Strategieentwicklung

Zielsetzung und Definition

Der Strategieentwicklungsprozess stellt sicher, dass eine Organisation den Geschäftszweck klärt und eine langfristige Planung entwickelt. Der Prozess ist dabei am Markt auszurichten und bildet die Grundlage für Struktur, Kultur und Führung.

Schlüsselbegriffe und Synonyme

Businessplan, Business Development, Geschäftsentwicklung, Geschäftsfeld-Strategie, Geschäftsstrategie, Strategieentwicklung, Strategieprozess, Unternehmensentwicklung, Unternehmensstrategie

Einsetzbare Werkzeuge pro Phase

Phase 1: Vorbereitung und Analyse

1. Substitution des Geschäfts
2. Transformationslandkarte
3. Marktcockpit
4. Wettbewerbsanalyse Five Forces
5. Kundennutzen
6. Geschäftsanalyse
7. SWOT und TOWS
8. Lebenszyklus
9. Portfolio/Boston-Matrix
10. Benchmarking
11. Gewinnbedarfsbudget

Phase 2: Gestaltung und Zielsetzung

1. Leitbild
2. Kernkompetenzen
3. Ansoff-Matrix bzw. Produkt-Markt-Strategien
4. Geschäftsfeld-Strategie
5. Unternehmensstrategie
6. Funktionalstrategie
7. Systematische Müllabfuhr

Phase 3: Umsetzung und Weiterentwicklung

1. Risiko-Radar
2. BSC – Balanced Scorecard
3. Zielvereinbarung – MbO
4. Change-Management-Audit
5. Stakeholder-Management
6. Kommunikationsmatrix
7. Umsetzungscontrolling
8. Resultatbericht

Quellen und Links

Haake, K./Seiler, W.: Strategie-Workshop: In fünf Schritten zur erfolgreichen Unternehmensstrategie, Stuttgart 2012.
Stöger, R.: Strategieentwicklung für die Praxis, Stuttgart 2010.

1. Strategieentwicklung: Beispiel für eine Lösungsarchitektur

Phase 1: Beurteilung der Ausgangslage	Phase 2: Entwicklung der Strategie	Phase 3: Umsetzungscontrolling
Prozess-Schritte	**Prozess-Schritte**	**Prozess-Schritte**
1. Erarbeitung einer Transformationslandkarte 2. Entwicklung eines Marktcockpits und der Wettbewerbsanalyse Five Forces 3. Klarheit über den Kundennutzen für die Schlüsselprodukte 4. Klarheit über das Gewinnbedarfs-budget 5. Zusammenfassung als SWOT und Ist-Portfolio	1. Entwicklung bzw. Aktualisierung des Leitbildes 2. Erarbeitung der Geschäfts-feld-Strategien für die SGFs 3. Konsolidierung zu einer Unter-nehmensstrategie inkl. Soll-Portfolio 4. Ableitung der Funktional-strategien für Zentralfunktionen 5. Durchführung der systematischen Müllabfuhr	1. Ableitung eines Umsetzungs-pakets mit Zielvereinbarungen 2. Durchführung eines Change-Management-Audits 3. Entwicklung einer Kommunikationsmatrix 4. Ableitung eines Risiko-Radars 5. Fixierung des Umsetzungs-controllings inkl. Resultat-berichte

2. Innovationsprogramm

Zielsetzung und Definition

Das Innovationsprogramm befähigt ein Unternehmen, neue Erfolgspotenziale aufzubauen und umzusetzen. Es geht dabei um neue Produkte, Dienstleistungen oder Geschäftsmodelle. Besondere Bedeutung kommt dabei dem Change-Management zu.

Schlüsselbegriffe und Synonyme

Business Development, Geschäftsentwicklung, Innovationsprozess, Innovationsstrategie, Neue-Welt-Programm, Start-up-Strategie, Transformation des Geschäfts, Transformationsprozess

Einsetzbare Werkzeuge pro Phase

Phase 1: Vorbereitung und Analyse

1. Substitution des Geschäfts
2. Transformationslandkarte
3. Marktcockpit
4. Kundennutzen
5. Lebenszyklus
6. Benchmarking
7. Kontinuierlicher Verbesserungsprozess KVP

Phase 2: Gestaltung und Zielsetzung

1. Diagnose und Gestaltung der Unternehmenskultur
2. Veränderungstreiber
3. Innovationssteckbrief
4. Markterfolgsprofil einer Innovation
5. Innovieren des Geschäftsmodells
6. Innovieren in kleinen Schritten
7. Innovations- und Start-up-Strategie

Phase 3: Umsetzung und Weiterentwicklung

1. Projektauftrag
2. Projektlandkarte
3. Funktionendiagramm
4. Stakeholder-Management
5. Kommunikationsmatrix
6. Umsetzungscontrolling
7. Resultatbericht

Quellen und Links

Drucker, P.: Innovation and Entrepreneurship, Oxford 2004.
Stöger, R.: Innovationsmanagement für die Praxis, Stuttgart 2011.

2. Innovationsprogramm: Beispiel für eine Lösungsarchitektur

Phase 1: Darstellung des Neue-Welt-Szenarios

Prozess-Schritte

1. Entwicklung eines Neue-Welt-Szenarios mit der Transformationslandkarte
2. Entwicklung eines Marktcockpits
3. Klarheit über den Kundennutzen bei den wichtigsten Marktleistungen
4. Benchmarking über Innovationsführer in anderen Branchen
5. Innovationsinput durch den kontinuierlichen Verbesserungsprozess KVP

Phase 2: Entwicklung der Innovationsstrategie

Prozess-Schritte

1. Beurteilung und Gestaltung der Veränderungsfähigkeit der Kultur
2. Nutzung der Veränderungstreiber
3. Entwicklung von Innovationssteckbriefen
4. Beurteilung der Innovationssteckbriefe mit dem Markterfolgsprofil einer Innovation
5. Zusammenfassung als Innovations- und Start-up-Strategie

Phase 3: Umsetzung des Innovationsprogramms

Prozess-Schritte

1. Entwicklung von Projektaufträgen für die Kernthemen
2. Anpassung der Organisation mit dem Funktionendiagramm
3. Stakeholder-Management und Umsetzung der Kommunikationsmatrix
4. Controlling mit der Projektlandkarte
5. Definition des Umsetzungscontrollings (u.a. mit Resultatberichten)

3. Produktivitätssteigerung

Zielsetzung und Definition

Die Produktivitätssteigerung stellt sicher, dass Produktivitätspotenziale identifiziert und gehoben werden. Gegenstand können Marktleistungen, Strukturen, Ressourcen, Regelungen und kulturelle Themen sein.

Schlüsselbegriffe und Synonyme

Effizienz-Programm, Effizienz-Steigerung, Kostensenkung, Kostensenkungsprogramm, Produktivitätsprogramm, Produktivitätssteigerung

Einsetzbare Werkzeuge pro Phase

Phase 1: Vorbereitung und Analyse

1. Kundennutzen
2. Fehlerbaum und Moments of Truth
3. Benchmarking
4. Wertkette als Prozesslandkarte
5. Schnittstellenanalyse
6. Erfahrungskurve
7. Gewinnbedarfsbudget

Phase 2: Gestaltung und Zielsetzung

1. Diagnose und Gestaltung der Unternehmenskultur
2. Kontinuierlicher Verbesserungsprozess KVP
3. Sitzungsmanagement und Führungsgremien
4. Kostentreiber-Management
5. Systematische Müllabfuhr
6. Prozesskostenrechnung
7. Produktivitätsstrategie

Phase 3: Umsetzung und Weiterentwicklung

1. Zielvereinbarungen – MbO
2. Veränderungstreiber
3. Change-Management-Audit
4. Stakeholder-Management
5. Kommunikationsmatrix
6. Umsetzungscontrolling
7. Resultatbericht

Quellen und Links

Kremin-Buch, B.: Strategisches Kostenmanagement, Wiesbaden 2012.
Stöger, R.: Produktivitätssteigerung und Ergebnisverbesserung, Stuttgart 2012.

3. Produktivitätssteigerung: Beispiel für eine Lösungsarchitektur

Phase 1: Produktivitätsanalyse	Phase 2: Produktivitätsagenda	Phase 3: Umsetzung der Produktivitätssteigerung
Prozess-Schritte	**Prozess-Schritte**	**Prozess-Schritte**
1. Klarheit über das richtige Qualitätsniveau durch Kundennutzen 2. Benchmarking über die beste Produktivität im Markt 3. Analyse der Wertkette und der Erfahrungskurve 4. Durchführung einer Schnittstellenanalyse 5. Klare Produktivitätsleitplanken mit dem Gewinnbedarfsbudget	1. Verbesserung der Produktivitäts-Orientierung in der Unternehmenskultur 2. Entwicklung eines KVP-Prozesses mit Schwerpunkt Produktivität 3. Konsequente systematische Müllabfuhr 4. Optimierung der Kostentreiber bzw. Prozesskosten 5. Entwicklung einer Produktivitätsstrategie	1. Identifikation und Steuerung der Veränderungstreiber 2. Durchführung eines Change-Management-Audits 3. Steuerung der Stakeholder 4. Gestaltung eines Kommunikationsprogramms mit der Kommunikationsmatrix 5. Aufsetzen des Umsetzungsprozesses mit dem Umsetzungscontrolling

4. Organisationsentwicklung

Zielsetzung und Definition

Mit der Organisationsentwicklung wird die Wirksamkeit einer Organisation gesteigert. Ausgangspunkt ist dabei der Markt. Generell sollen Tempo, Beweglichkeit, Flexibilität und Effizienz einer Organisation gesteigert werden.

Schlüsselbegriffe und Synonyme

Geschäftsmodell, Geschäftsmodell-Veränderung, Organisationsanpassung, Organisationsveränderung, Prozessmanagement, Prozessverbesserung, Reorganisation, Restrukturierung, Strukturanpassung

Einsetzbare Werkzeuge pro Phase

Phase 1: Vorbereitung und Analyse

1. Geschäftsanalyse
2. Benchmarking
3. Kernkompetenzen
4. Kontinuierlicher Verbesserungsprozess KVP
5. Schnittstellenanalyse
6. Diagnose und Gestaltung der Unternehmenskultur
7. SWOT und TOWS

Phase 2: Gestaltung und Zielsetzung

1. Unternehmensstrategie
2. Wertkette als Prozesslandkarte
3. Kostentreiber-Management
4. Prozesskostenrechnung
5. Funktionendiagramm
6. Stellenbeschreibung
7. Prozessauftrag

Phase 3: Umsetzung und Weiterentwicklung

1. Change-Management-Audit
2. Veränderungstreiber
3. Kommunikationsmatrix
4. Systematische Müllabfuhr
5. Sitzungsmanagement und Führungsgremien
6. Umsetzungscontrolling
7. Resultatbericht

Quellen und Links

Schiersmann, C./Thiel, H.: Organisationsentwicklung: Prinzipien und Strategien von Veränderungsprozessen, Wiesbaden 2013.
Stöger, R.: Prozessmanagement, Stuttgart 2009.

4. Organisationsentwicklung: Beispiel für eine Lösungsarchitektur

Phase 1: Beurteilung der aktuellen Organisation

Prozess-Schritte

1. Beurteilung der Ausgangslage durch die Geschäftsanalyse
2. Benchmarking über „schnelle, unkomplizierte Organisationsformen"
3. Klarheit über die Kernkompetenzen
4. Entwicklung von Strukturideen über kontinuierlicher Verbesserungsprozess KVP und Schnittstellenanalyse
5. Diagnose der Unternehmenskultur mit Schwerpunkt Organisation

Phase 2: Entwicklung von Organisationszielen

Prozess-Schritte

1. Ableitung von Organisationszielen aus der Unternehmensstrategie
2. Gestaltung der Wertkette als Prozesslandkarte
3. Ableitung von Organisationszielen aus dem Kostentreiber-Management
4. Neugestaltung der Organisation über das Funktionendiagramm
5. Adaption der Stellenbeschreibungen und Prozessaufträgen

Phase 3: Umsetzung der Reorganisation

Prozess-Schritte

1. Nutzung des Change-Management-Audits für die Umsetzung
2. Klarheit über Veränderungstreiber
3. Umsetzung der Kommunikationsmatrix
4. Anpassung von Sitzungsmanagement und Führungsgremien
5. Sicherstellung des Umsetzungsprozesses über Umsetzungscontrolling

5. Kooperation bzw. Integration

Zielsetzung und Definition

Kooperationen sind Formen der Zusammenarbeit zwischen Organisationen ohne rechtliche Verschränkungen. Sie können sich auf Marktleistungen oder Funktionen wie z. B. F&E beziehen. Integration ist die rechtliche und damit auch führungsbezogene Zusammenführung von zwei Organisationen.

Schlüsselbegriffe und Synonyme

Fusion, Fusionsprozess, Integration, Integrationsprozess, Integrationsstrategie, Kooperation, Kooperationsstrategie, M&A Mergers and Acquisition, M&A-Programm, PMI Post Merger Integration

Einsetzbare Werkzeuge pro Phase

Phase 1: Vorbereitung und Analyse

1. Geschäftsanalyse
2. Wettbewerbsanalyse Five Forces
3. Portfolio/Boston-Matrix
4. Schnittstellenanalyse
5. Diagnose und Gestaltung der Unternehmenskultur
6. Change-Management-Audit
7. Veränderungstreiber

Phase 2: Gestaltung und Zielsetzung

1. Leitbild
2. Kernkompetenzen
3. Geschäftsfeld-Strategie
4. Unternehmensstrategie
5. Funktionalstrategie
6. Funktionendiagramm
7. Sitzungsmanagement und Führungsgremien

Phase 3: Umsetzung und Weiterentwicklung

1. Projektauftrag
2. Zielvereinbarungen – MbO
3. Risiko-Radar
4. Stakeholder-Management
5. Kommunikationsmatrix
6. Umsetzungscontrolling
7. Resultatbericht

Quellen und Links

Becker, T.: Netzwerkmanagement: Mit Kooperation zum Unternehmenserfolg, Heidelberg 2011.

Wirtz, B.: Mergers & Acquisitions Management: Strategie und Organisation von Unternehmenszusammenschlüssen, Wiesbaden 2014.

5. Kooperation bzw. Integration: Beispiel für eine Lösungsarchitektur

Phase 1: Analyse der Unternehmen	**Phase 2: Kooperations-/ Integrationsprogramm**	**Phase 3: Umsetzungscontrolling**
Prozess-Schritte	**Prozess-Schritte**	**Prozess-Schritte**
1. Analyse der Geschäfte und des Wettbewerbs	1. Festlegung eines gemeinsamen Leitbildes	1. Fixierung von Zielvereinbarungen inkl. Projektaufträgen
2. Entwicklung einer Schnittstellenanalyse der Organisationen	2. Entwicklung von Geschäftsfeld-Strategien	2. Programm zur Steuerung der Stakeholder
3. Diagnose und Gestaltung der Unternehmenskultur	3. Konsolidierung mit Unternehmens- und Funktionalstrategien	3. Entwicklung einer Kommunikationsmatrix
4. Durchführung eines Change-Management-Audits	4. Klärung der Organisation mit dem Funktionendiagramm	4. Controlling mit Risiko-Radar und Change-Management-Audit
5. Klarheit über die Veränderungstreiber	5. Definition von Sitzungsmanagement und Führungsgremien	5. Etablierung von Umsetzungscontrolling mit Resultatberichten

6. KVP-Programm bzw. Kaizen

Zielsetzung und Definition

Der Kontinuierliche Verbesserungsprozess KVP bzw. Kaizen (japanisch für „Verbesserungen durch Veränderung") sind grundlegende Denk- und Handlungsansätze zur schrittweisen Verbesserung der Marktleistungen, der Organisation, der Produktivität, der Kultur und der Führung.

Schlüsselbegriffe und Synonyme

CIP Continuous improvement Process, FMEA Failure Mode and effects Analysis, Ishikawa-Methode, Kaizen, Kontinuierlicher Verbesserungsprozess KVP, Optimierungsprogramm, Qualitätsphilosophie, Qualitätsprogramm, Qualitätsprozess, Toyota-Prinzip, TQM Total Quality Management

Einsetzbare Werkzeuge pro Phase

Phase 1: Vorbereitung und Analyse

1. Kundennutzen
2. Benchmarking
3. Qualitätsmessung eines Prozesses
4. Fehlerbaum und Moments of Truth
5. Schnittstellenanalyse
6. Erfahrungskurve
7. Kostentreiber-Management

Phase 2: Gestaltung und Zielsetzung

1. Kontinuierlicher Verbesserungsprozess KVP
2. Innovieren in kleinen Schritten
3. Funktionendiagramm
4. Sitzungsmanagement und Führungsgremien
5. Prozessauftrag
6. Unternehmensstrategie
7. Funktionalstrategie

Phase 3: Umsetzung und Weiterentwicklung

1. Schlüsselauftrag – Assignment
2. Systematische Müllabfuhr
3. BSC – Balanced Scorecard
4. Diagnose und Gestaltung der Unternehmenskultur
5. Change-Management-Audit
6. Kommunikationsmatrix
7. Umsetzungscontrolling

Quellen und Links

Glahn, R.: Moderation und Begleitung kontinuierlicher Verbesserung, Ansbach 2014.
Hirzel, M.: Prozessmanagement in der Praxis: Wertschöpfungsketten planen, optimieren und erfolgreich steuern, Wiesbaden 2013.

6. KVP-Programm bzw. Kaizen: Beispiel für eine Lösungsarchitektur

Phase 1: Schaffung der Basis für Verbesserung

Prozess-Schritte

1. Klarheit über die Verbesserungserfordernisse durch Kundennutzen
2. Beurteilung von Qualität über die Qualitätsmessung und Moments of Truth
3. Analyse der Produktivitätspotenziale über die Erfahrungskurve
4. Durchführung einer Schnittstellenanalyse
5. Benchmarking der besten Unternehmen

Phase 2: Entwicklung des Programms

Prozess-Schritte

1. Einbau der Qualitäts- und Produktivitätsziele in der Unternehmensstrategie
2. Gestaltung eines dauerhaften KVP
3. Entwicklung von Prozessaufträgen für Schlüsselprozesse bzw. -Funktionen
4. Sicherstellen von Innovationsbeiträgen durch das Innovieren in kleinen Schritten
5. Weiterentwicklung des Funktionendiagramms

Phase 3: Sicherstellung der Umsetzung

Prozess-Schritte

1. Sicherstellung des Umsetzungscontrollings im Rahmen des KVP
2. Begleitendes Change-Management-Audit
3. Durchführung einer permanenten Systematischen Müllabfuhr
4. Ausweis der Wirkung in der BSC – Balanced Scorecard
5. Begleitende Diagnose und Gestaltung der Unternehmenskultur in Richtung KVP

7. Kulturentwicklung

Zielsetzung und Definition

Die Kulturentwicklung reflektiert Verhalten, Werte, Normen und Selbstverständnis eines Unternehmens. Auf dieser Grundlage werden gezielte Maßnahmen zur Gestaltung der Kultur erarbeitet. Diese „Kultur-Interventionen" dienen dem Ziel, die Kultur weiterzuentwickeln. Im Kern geht es um eine Kultur der Leistung, der Veränderungsfähigkeit und des Vertrauens.

Schlüsselbegriffe und Synonyme

Change-Audit, Change-Management, Kulturassessment, Kulturentwicklung, Kulturprogramm, Unternehmenskultur, Unternehmenskultur-Entwicklung, Unternehmenswerte

Einsetzbare Werkzeuge pro Phase

Phase 1: Vorbereitung und Analyse

1. Geschäftsanalyse
2. Wettbewerbsanalyse Five Forces
3. Substitutionsradar
4. Transformationslandkarte
5. Veränderungstreiber
6. Benchmarking
7. SWOT – TOWS

Phase 2: Gestaltung und Zielsetzung

1. Leitbild
2. Kernkompetenzen
3. Geschäftsfeld-Strategie
4. Unternehmensstrategie
5. Kontinuierlicher Verbesserungsprozess KVP
6. Funktionendiagramm
7. Sitzungsmanagement und Führungsgremien

Phase 3: Umsetzung und Weiterentwicklung

1. BSC – Balanced Scorecard
2. Diagnose und Gestaltung der Unternehmenskultur
3. Change-Management-Audit
4. Stakeholder-Management
5. Kommunikationsmatrix
6. Umsetzungscontrolling
7. Resultatbericht

Quellen und Links

Abbate, S.: Unternehmenskultur fördern, Wiesbaden 2014.
Sackmann, S.: Erfolgsfaktor Unternehmenskultur, Wiesbaden 2004.

7. Kulturentwicklung: Beispiel für eine Lösungsarchitektur

Phase 1: Diagnose von Geschäft und Kultur

Prozess-Schritte

1. Durchführung einer Geschäfts-analyse und eines Substitutions-radars
2. Klarheit über die Veränderung durch die Transformationsland-karte
3. Identifikation der wichtigsten Veränderungstreiber
4. Durchführung eines Kultur-Benchmarkings
5. Zusammenfassung als Kultur-SWOT

Phase 2: Entwicklung von Kulturzielen

Prozess-Schritte

1. Prüfung und Weiterentwicklung des Leitbildes
2. Klarheit über heutige und künftige Kernkompetenzen
3. Definition von Kulturzielen in der Unternehmensstrategie
4. Prüfung und Weiterentwicklung der Führungsgremien
5. Etablierung eines kontinuierlichen Verbesserungsprozesses KVP für Kultur

Phase 3: Umsetzung der Kulturziele

Prozess-Schritte

1. Controlling der Kulturziele mit der BSC – Balanced Scorecard
2. Fortlaufende Diagnose und Gestaltung der Unternehmens-kultur
3. Periodisches Change-Manage-ment-Audit
4. Einbezug und Steuerung der Stakeholder
5. Entwicklung einer Kultur-Kommunikationsmatrix

Verzeichnis der Management-Werkzeuge: Einsatz, Wirkung und Nutzen

Markt und Wettbewerb

1. Marktcockpit	1. **Abgrenzung und Beurteilung** des strategisch relevanten Marktes 2. Darstellung der **Treiber für den Wettbewerb** 3. **Szenario** für einen Zielmarkt 4. **Grundlage für Strategie und Marketing** bzgl.: Marktleistungen, Geschäftsmodelle, Kunden, Regionen, Technologien 5. **Einheitliches Verständnis** über den Markt
2. Wettbewerbsanalyse Five Forces	1. Klarheit über **Wettbewerbsstruktur, Renditepotenzial und Substitutionsgefahr** 2. Identifikation heutiger und künftiger **Wettbewerber bzw. Lösungen** 3. Sensibilität für den **Wettbewerb als Ganzes** 4. konkurrenzspezifisches Vorgehen: **Wettbewerbsstrategie**, Aktionsplan 5. Grundlage für **Markteintritt bzw. -austritt**
3. Kundennutzen	1. Klarheit über den unmittelbaren **Geschäftszweck: Leistung** für einen Kunden 2. Grundlage für **Positionierung und Differenzierung** 3. Wesentlicher **Input** für Strategie, Marketing, Vertrieb, Entwicklung, Service, Kundenbindung 4. Instrument für unterschiedliche **Szenarien** (Qualität, Preis, Wettbewerber) 5. Quelle für **Qualitäts-, Preis- und Kosten-Management**
4. Geschäftsanalyse	1. Kompakte **Zusammenfassung vieler unterschiedlicher Quellen** und Informationen in einer einfachen Logik 2. Erstellen von **Überblick**, Vernetzung und Zusammenhängen 3. Herausarbeiten der **strategischen Herausforderungen** und der echten Zukunftsfragen 4. Entwicklung von **strategischen Optionen und Sofortmaßnahmen** 5. Werkzeug für das **strategische Controlling**

5. SWOT und TOWS	1. **Komprimierte Zusammenfassung** unterschiedlicher Quellen 2. **Zwang zu Präzision** und Vermeidung langatmiger Ausführungen 3. Denken in **unterschiedlichen Dimensionen**: inneren (Stärken, Schwächen) und äußeren (Chancen, Gefahren) 4. **Controllinginstrument**, v. a. für Veränderungen 5. **Anwendbar** auf praktisch alle Themen und Werkzeuge
6. Lebenszyklus	1. Darstellung und **gemeinsames Verständnis zum Entwicklungsverlauf** 2. Hypothesen **zur künftigen Entwicklung** 3. **Prüfung der Ausgewogenheit** der Marktleistungen, Kundengruppen ... über den Zyklus 4. Festlegung von **Schwerpunkten je Phase** 5. Klarheit über **Substitution der Marktleistungen bzw. des Marktes**
7. Portfolio/ Boston-Matrix	1. **Breit anwendbar** für Geschäftsfelder, Marktleistungen, Wettbewerber, Kunden, Regionen, Technologien ... 2. Darstellung der **Marktverhältnisse** 3. Aufzeigen der Konsequenzen für die **Finanzierung** 4. **Szenarien-Instrument** (Ist- bzw. Soll-Portfolio) 5. Herstellung von **Überblick** und damit eine Entscheidungsbasis
8. Benchmarking	1. **Leistungsvergleich mit den Besten** und „Blick nach außen" 2. **Gemeinsamer Lernprozess** über die Stärken, Schwächen und notwendiger Entwicklungsziele 3. **Verbesserung der Wettbewerbsfähigkeit** v. a. der Marktstellung, Innovationsleistung und Produktivität 4. Wichtiger Input für **kontinuierliche Verbesserung (KVP)** 5. Benchmarking als Teil einer **leistungsorientierten Unternehmenskultur**

Unternehmenszweck und Strategie

1. Leitbild	1. Klare Darstellung des **Unternehmenszwecks** 2. **Kompass** für das Unternehmen 3. Langfristige **Orientierung** für: Eigentümer, Management, Mitarbeiter und – je nach Fall – Kunden, Lieferanten, Partner 4. **Input** für die Entwicklung von: Strategie, Innovation, Organisation, Führungsprozesse 5. Bestandteil der **Unternehmenskultur** (Selbstverständnis, Werte ...)
2. Kernkompetenzen	1. Bewusstsein und selbstkritische **Beurteilung der echten Stärken im Wettbewerb** 2. Grundlage für **Differenzierung und Positionierung im Markt** 3. **Kern der Marke** im Sinn des Leistungsversprechens 4. Basis für **Marketing, Verkauf und Kundenbindung** 5. Wesentliches **Element in der Strategieentwicklung**, v. a. hinsichtlich Marktführerschaft und Alleinstellung
3. Ansoff-Matrix bzw. Produkt-Markt-Strategien	1. Übersichtliche **Darstellung von strategischen Initiativen** bzw. marktbezogenen Maßnahmen 2. Beurteilung von **Erfolgswahrscheinlichkeit und Ressourcen-Einsatz** 3. **Check der Ausgewogenheit** von Initiativen, Maßnahmen ... 4. Katalysator für **Entwicklung von Ideen** 5. **Umfassende Anwendbarkeit** auf Geschäftsfelder, Regionen, Kunden, Marktleistungen ...
4. Risiko-Radar	1. **Systematisches Durchdenken** der geschäftlichen Risiken 2. Identifikation und **Klarheit über die Risiko-Arten** unterschiedlicher Dimensionen 3. **Gemeinsame Einschätzung des Managements** bzgl. Risiko-Arten und Maßnahmen 4. Schlüsselwerkzeug für **Risikomanagement und Risikocontrolling** 5. Risiko-Radar als **Fixpunkt in jeder Strategie und jedem Veränderungsprojekt**

5. Geschäftsfeld-Strategie	1. Eine **klare Strategie für ein Geschäftsfeld** eines Unternehmens (gebildet nach Marktleistung, Kunden, Regionen ...) 2. Notwendiges **Basiselement jeder Unternehmensstrategie** 3. Kern der wichtigsten **Ziele, Projekte und Aufträge** 4. Vorgabe für **Mittelfristplan und Budgetierung** 5. **Wesentlicher unternehmerischer Input** für: Organisation, Funktionen, Prozesse, Personal-Entwicklung, Controlling
6. Unternehmens-strategie	1. Zusammenfassung und **Abgleich der einzelnen Geschäftsfeld-Strategien** 2. Priorisierung als **Geschäftsportfolio**: Zuteilung von Ressourcen, Umsetzung von Schlüsselthemen 3. Grundlage für die **Unternehmensbudgetierung** 4. Identifikation von **Strategien für (Zentral-)Funktionen** 5. Agenda für das **Top-Management und für die Unternehmensaufsicht** (Umsetzung, Risiko ...)
7. Funktionalstrategie	1. Klarheit über **Kernleistungen und Beiträge einer Funktion** 2. Steigerung der **Kundenorientierung** der Funktion 3. Grundlage für **Organisaton und Führung einer Funktion** 4. Anwendbarkeit auf **unterschiedlichen Ebenen**: Geschäftsfeld, Unternehmen, Innovationen, Projekte ... 5. Integraler **Bestandteil jeder Unternehmensstrategie** und jedes Führungssystems
8. BSC – Balanced Scorecard	1. Integraler **Bestandteil einer Strategie** 2. Einsatz als **Management-Agenda für Umsetzung und Umsetzungscontrolling** 3. **Intuitives Management-Cockpit**, v. a. zur Darstellung größerer Zusammenhänge 4. Einfaches und **wirksames Kommunikationsinstrument** 5. **Anpassbar in Ausmaß und Dimension** an die speziellen Management-Erfordernisse

Innovation und Geschäftsentwicklung

1. Substitution des Geschäfts	1. Klarheit über den **Reifegrad des relevanten Marktes** 2. Einschätzung der **Innovationsnotwendigkeit der aktuellen Lösungen** bzw. Marktleistungen 3. Finden des **richtigen Zeitpunktes für das Innovieren** 4. Herstellung einer **gemeinsamen Sicht auf die Notwendigkeit für Innovation** bzw. Transformation 5. Notwendiger **Bestandteil in Innovationsstrategie, Marktanalyse, Riskio-Radar**
2. Innovationssteckbrief	1. **Durchdenken und Konkretisieren von Ideen**, Vorschlägen, Ansatzpunkten ... 2. Darstellung und **Vergleich von mehreren Ideen** 3. Grundlage für Diskussion und **Entscheidungsfindung** 4. Basis für die **Weiterarbeit an einem Innovationsthema** nach Zustimmung und Projektierung 5. Instrument für die **Kommunikation von verabschiedeten Ideen**
3. Markterfolgsprofil einer Innovation	1. **Objektivierbare Beurteilung einer Innovation** anhand der entscheidenden Erfolgskriterien 2. Grundlage für **Ausstiegskriterien** und entsprechende Limite 3. **Prüfung von mehreren Innovationsvorschlägen** im Sinn der Vergleichbarkeit und Priorisierung 4. **Systematik für die detaillierte Ausarbeitung (Innovationsstrategie)** bzw. Analyse einzelner Faktoren 5. Methodik für das **begleitende Innovationscontrolling**
4. Innovieren des Geschäftsmodells	1. Systematische Auseinandersetzung mit dem **Geschäftsmodell als Gegenstand von Innovation** 2. Kritische **Prüfung aller Wertstufen** auf den Beitrag für Wettbewerbsfähigkeit und Innovationsmöglichkeit 3. Transparente **(Weiter-)Entwicklung des heutigen zu einem künftigen Geschäftsmodell** 4. Klarheit über die notwendigen **Veränderungsschritte zur Umsetzung des neuen Geschäftsmodells** 5. „Denken und Handeln in **Geschäftsmodellen**“
5. Innovieren in kleinen Schritten	1. Auseinandersetzung mit aktuellen **Marktleistungen, Prozessen und Kunden als Quelle von Innovation** 2. Kritische **Prüfung aller „kleinen Themen“** auf den Beitrag für Innovation 3. **Keine Abhängigkeit vom „großen Wurf“** und der „großen Eingebung“ 4. Systematische **Weiterentwicklung des aktuellen Geschäftsmodells** in kleinen Schritten 5. Durchführbarkeit durch **alle operativen Mitarbeiter**

6. Innovations- und Start-up-Strategie	1. Zentrales **Führungsinstrument für Innovationen** 2. Klare **Marktstrategie für eine Innovation** (Marktleistung, Geschäftsmodell) 3. Grundlage und **Input für Zielvereinbarungen bzw. Unternehmensstrategie** 4. Transparenz über die **notwendigen Beiträge der Funktionen und Prozesse** (Schnittstellen ...) 5. Basis für das **Umsetzung- und Innovationscontrolling**

Strukturen und Qualität

1. Wertkette als Prozesslandkarte	1. Darstellung der **Geschäftslogik über Wertaktivitäten** 2. **Schaffung einer Prozesslandkarte** und damit auch eines Prozessmodells 3. **Anwendbarkeit** für: Unternehmen, Geschäftsfelder, Funktionen, Regionen, Kunden- bzw. Produktgruppen 4. **Analyseraster** für Stärken, Schwächen, Chancen, Gefahren 5. Grundlage für: **KVP, Kostenmanagement, Organisationsentwicklung, Geschäftsmodell-Entwicklung**
2. Ergebnis- und stellengesteuerte Prozessketten	1. Klare **Darstellung der Prozesse im Sinn der Leistungsfähigkeit** für Kunden 2. Transparenz über **AKV** (Aufgaben/Kompetenzen/Verantwortlichkeiten) 3. Sachliche Grundlage für **Funktionendiagramm, Stellenbeschreibung und Prozessauftrag** 4. Grundlage für **Arbeits- und Verfahrensanweisungen** 5. Analyse-, Gestaltungs- und **Prozessmodell**
3. Qualitätsmessung eines Prozesses	1. Instrument zur **Verbesserung der Leistungsfähigkeit von Prozessen** 2. Ausgangspunkt für **Qualitäts- und Produktivitätsstrategien** 3. Grundlage für regelmäßige **Beurteilungen und Zielvereinbarungen** 4. Kernelement für **Qualitätsprogramme und KVP** (kontinuierlicher Verbesserungsprozess) 5. Hebel für **Kundenbindung**

4. Fehlerbaum und Moments of Truth	1. Analyse der **Leistungsfähigkeit von Produkten, Dienstleistungen und Prozessen aus Kundensicht** 2. Selbstkritischer **Vergleich mit dem Wettbewerb** 3. **Werkzeuge für KVP**, Kaizen und generell alle Qualitätsansätze 4. **Ideenquelle für Innovationen** und größere Verbesserungsschritte 5. Input für **Organisationsentwicklung**
5. Kontinuierlicher Verbesserungs-prozess KVP	1. Konsequente **Ausrichtung einer Organisation auf Qualität** und Kundennutzen 2. Thematische **Verbindung mit Strategie, Prozesse und Mitarbeiterentwicklung** 3. **Breite Anwendbarkeit von KVP**: Marktleistungen, Kunden, Prozesse, Technologien ... 4. Etablierung von **KVP als Teil der Unternehmenskultur** 5. Quelle für **Innovation und Organisationsentwicklung**
6. Schnittstellenanalyse	1. **Gemeinsame Sichtweise** der Schnittstellen bei allen Beteiligten 2. Beurteilung der **Leistungsfähigkeit der Schnittstellen** 3. Systematische **Verbesserung der Schnittstellenleistung** 4. Einfache **Verbindung mit Qualitätsprogrammen** 5. Input für **Reorganisation, Produktivitätssteigerung und Prozessverbesserung**
7. Funktionen-Diagramm	1. Festlegung der **Aufgaben, Kompetenzen und Verantwortlichkeiten (AKV)** 2. Transparenz und **Klarheit über Zuständigkeiten** und Verantwortung 3. Grundlage jeder **Aufbau- und Ablauforganisation** 4. Basis jeder **Stellenbeschreibung bzw. Gremienliste** 5. Identifikation und Klärung von **Schnittstellenthemen**
8. Stellenbeschreibung	1. Verwendung als **Führungsinstrument** durch Darstellung der erwarteten Resultate 2. Identifikation der **Schlüsselaufgaben pro Stelle**, d. h. der Beiträge 3. Grobe **zeitliche Abschätzung** der Beiträge 4. Bestimmung kritischer **Schnittstellenthemen durch Quervergleich** von Stellenbeschreibungen 5. Klare **Darstellung der hierarchischen Position**

9. Sitzungsmanagement und Führungsgremien	1. **Produktivitätssteigerung** in Sitzungen, Meetings, Gremien ... 2. Etablierung von **Sitzungen als echtes Führungsinstrument** 3. Sitzungsmanagement und Führungsgremien als **Bestandteil in der Organisationsentwicklung** 4. Sitzungsmanagement als **Beurteilungskriterium für Führungskräfte** 5. Professionelle **Führungsgremien als Beschleuniger von Entscheidung und Umsetzung** für jedes Unternehmen
10. Prozessauftrag	1. Klare Formulierung der **Resultate eines Prozesses** 2. **Gemeinsames Verständnis aller Beteiligten** über den Auftrag an einen Prozess (inkl. der Schnittstellen) 3. Quelle und **Input für die Aufbau- und Ablauforganisation** 4. Hebel für die **Umsetzung von Schlüsselthemen** (Strategie, Innovation, Produktivität ...) 5. Quelle und **Input für die Budgetierung**

Kosten und Produktivität

1. Gewinnbedarfs-Budget	1. Klarheit über die **Anforderungen an den Gewinn** 2. Ausweis des **Gewinnminimums** 3. Gewinnbedarfsbudget als wichtige **Leitplanke für unternehmenspolitische Fragen** 4. Vorgabe bzw. **Orientierungspunkte für Produktivitätssteigerung und Ergebnisverbesserung** 5. Beurteilung der **Attraktivität eines Geschäfts**
2. Erfahrungskurve	1. Identifikation der **Kosten- bzw. Produktivitätspotenziale** 2. Bestimmung eines **Produktivitätsziels für Erfahrungs- bzw. Lerneffekte** 3. Identifikation der **Kostenuntergrenze für Leistungen** 4. Ortung der **Kostenpositionen von Wettbewerbern** 5. Verwendung für **Preis-, Einkauf- bzw. Sourcing-Entscheidungen**

3. Kostentreiber-Management	1. Klarheit zu den **effektiven Kostentreibern** 2. **Gezielte Produktivitätssteigerung** bei den Kostentreibern 3. Wesentlicher **Bestandteil von KVP** 4. Quelle für die **systemtische Müllabfuhr** 5. Wichtiger **Input für Strategie, Struktur, Kultur und Führung** eines Unternehmens
4. Systematische Müllabfuhr	1. Instrument der **permanenten Produktivitätssteigerung** 2. Wichtiger Bestandteil in: **Strategie, Innovation, Produktivität, Kooperation ...** (Ziel: Freisetzung von Ressourcen) 3. Als **Prinzip im Prozess- und Qualitätsmanagement** 4. Grundsatz in der **persönlichen Arbeitsmethodik** 5. Generell als **Führungsinstrument zur Steigerung von Wirksamkeit**
5. Prozesskosten-Rechnung	1. Realistische Darstellung der **wahren Prozesskosten** 2. Grundlage für das **Produktivitäts-Management** in den Prozessen 3. Analyse der **Kostentreiber eines Prozesses** 4. Ermittlung solider **Produktivitätsziele** für einen Prozess 5. **Planungs-, Kontroll- und Entscheidungshilfen** für das Management
6. Produktivitäts-strategie	1. **Zusammenfassung aller produktivitätsrelevanten Themen** in einer Produktivitätsstrategie 2. Grundlage für die **Verbesserung der relativen Kostenposition** 3. Basis für **Umsetzung und Umsetzungscontrolling** 4. Input für **Pricing, Prozess- und Qualitätsmanagement** 5. Klarheit über die **Verantwortlichkeiten für Produktivitätssteigerung**

Schlüsselaufträge und Projekte

1. Schlüsselauftrag – Assignment	1. Hebel für **Umsetzungsstärke und Resultatorientierung** 2. **Gemeinsames Verständnis** über Schlüsselthemen 3. Grundlage für **Reporting und Umsetzungscontrolling** 4. Kompakte Darstellung für die **Kommunikation** 5. Einsatzmöglichkeit insbesondere für: **Strategie, Innovation, Produktivität, Organisation und jedes Change-Thema**
2. Zielvereinbarungen – MbO	1. Klarheit über die **individuellen Beiträge für die Umsetzung** 2. Werkzeug zur regelmäßigen **Standortbestimmung** 3. Grundlage für **Leistungsbeurteilung und Definition von Entwicklungsmaßnahmen** 4. Instrument zum Ausbau der **Selbststeuerung und Selbstorganisation** 5. Verknüpfbarkeit mit **Entlohnungs- und Karrierefragen**
3. Projektauftrag	6. Sicherstellung des **richtigen Projektstarts** 7. **Frühzeitige Klarheit** über Ausgangslage, Ziele und Nutzen 8. Solide **Planung der Ressourcen und der Umsetzung** 9. Verwendung als **Kommunikationsinstrument** 10. Grundlage für **Reporting und Umsetzungscontrolling**
4. Projeklandkarte	1. **Überblick** über alle Projekte und projektähnlichen Vorhaben 2. **Steuerung von mehreren Projekten** im Sinn des Multiprojekt-Managements 3. „gesunder Druck“ für **Resultate und Effizienz** 4. Grundlage für **„systematische Müllabfuhr“ von Projekten** 5. Instrument für **Controlling und Kommunikation**
5. Balkenplan	1. Transparente **Darstellung der Projektschritte** bzw. -aufgaben 2. Erkennen von **Zusammenhängen bzw. Abhängigkeiten** zwischen den einzelnen Schritten bzw. Aufgaben 3. Aufzeigen von **zeitlichen Engpässen und kritischen Pfaden** 4. Möglichkeit der **„Vertiefung“** von Schritten bzw. Aufgaben 5. Grundlage für das **Umsetzungscontrolling**

6. Mengengerüst und Ressourcenplan	1. **Richtiges Planen** eines Projektes im Sinn des Budgets 2. **Abgleich der Ziele mit den Ressourcen** im Projekt 3. Nutzung als **Analyseinstrument, Kalkulations- und Entscheidungshilfe** 4. Identifikation von **Abweichungen und Fehlplanungen** 5. Grundlage für **Fortschritts- und Umsetzungscontrolling**
7. Leistungsmessung eines Projektes	1. Übersetzung von Projektzielen in konkreten **Kundennutzen** 2. Leistungsbeurteilung hinsichtlich **Qualität, Zeit, Kosten** 3. Identifikation von **Maßnahmen zum Gewährleisten bzw. Wiedererlangen des Leistungsversprechens** 4. **Feedback zum Kundennutzen** an alle Beteiligten 5. **Kern des Qualitätsmanagements** in Projekten
8. Tagesordnung und Protokoll	1. Steigerung der **Wirksamkeit von Besprechungen**, v. a. der Resultatorientierung (insbesondere in Projekten) 2. Nutzung als **Führungsinstrumente** in Besprechungen 3. Basis für die **Vorbereitung und Strukturierung von Besprechungen** (insbesondere in Projekten) 4. Vorlage für die **Ergebnisstruktur** 5. Sicherstellung von **Aufmerksamkeit und „gesundem" Leistungsdruck**
9. Projektübergabe und Abschlussbericht	1. **Professionelles Beenden** eines Projektes 2. Sicherstellung **dauerhafter Wirkung** durch das Projekt 3. Nachvollziehbare Dokumentation der wichtigsten **Projektunterlagen und Erkenntnisse** 4. Grundlage für **systematisches, organisatorisches Lernen** aufgrund positiver und negativer Erfahrungen im Projekt 5. Sicherstellung von **Resultat- und Umsetzungsorientierung im Projekt**

Kultur und Change

1. Diagnose und Gestaltung der Unternehmenskultur	1. Gezielte **Bestandsaufnahme der Kultur** in einem Unternehmen oder Teilen eines Unternehmens 2. Gemeinsame **Definition von Kultur-Zielen** („Soll“) 3. Grundlage für **gezielte Kultur-Impulse** 4. Entwicklung einer **gemeinsamen Sichtweise auf die Kultur** 5. **Sensibilisierung** für das Thema Unternehmenskultur – speziell bei Führungskräften, Entscheidungsträgern und Meinungsbildnern
2. Change-Management-Audit	1. Erkennen von professionellem **Change-Management als Voraussetzung für Neues** 2. Selbstkritische Prüfung der **Veränderungsfähigkeit und Veränderungsbereitschaft** 3. Entwicklung in Richtung einer **Kultur des Wandels und der Erneuerungsfähigkeit** 4. Entwicklung von **Impulsen für Change** 5. Regelmäßige **Diagnose der Veränderungskultur**
3. Veränderungstreiber	1. Transparenz und **Klarheit über unterstützende und hindernde Treiber der Veränderung** 2. Identifikation der spezifischen **Erfolgsfaktoren und Gefahren im Veränderungsprozess** 3. Veränderungstreiber als fixer **Bestandteil in jedem Change-Prozess und -projekt** 4. Entwicklung einer **gemeinsamen Sichtweise im Change-Team** bzw. bei allen Change-Beteiligten 5. **„lessons learnt“ für andere Change-Themen** in Zukunft
4. Transformationslandkarte	1. **Gemeinsame Sichtweise bei den Verantwortlichen über die Veränderungen** im Geschäft 2. Zwang zur **prägnanten und zugespitzten Formulierung** 3. Ausgangspunkt für **Veränderungsprogramme** (Strategie, Innovation, Geschäftsmodell ...) 4. Transformationslandkarte als **Ideenquelle für künftige Schwerpunkte** („Neue Welt“) 5. Bestandteil im **strategischen Controlling und Risiko-Radar**
5. Stakeholder-Management	1. Entwicklung einer **gemeinsamen Sichtweise innerhalb des Change-Teams** über die Stakeholder 2. Klarheit über **Interessen und Einflussnahme der Stakeholder** auf den Erfolg bzw. Misserfolg des Change-Programms 3. **Nutzung der Stakeholder für die Umsetzung** des Change-Programms 4. **Minimierung von Zufällen bzw. Risiko** in der Umsetzung 5. Deutliche **Erhöhung der Erfolgswahrscheinlichkeit** von Change-Programmen

6. Kommunikations-Matrix	1. Schaffung der Grundlagen für **wirksame Kommunikation zu den Stakeholdern** 2. **Gemeinsame Entwicklung und Meinung** bzgl. des Kommunikationsprogramms 3. **Klarheit über die Kommunikationserfordernisse** bei Veränderungen 4. Finden des **richtigen Maßes an Kommunikation** 5. **Gezielte Kommunikation und Minimierung des Risikos** von Fehlinformation, Missverständnissen
7. Umsetzungs-controlling	1. Erhöhung der **Umsetzungschancen eines Veränderungsprogramms** 2. Sicherstellung und Ausbau von **Umsetzungs- und Resultatorientierung** in einem Unternehmen 3. Steigerung der **Verbindlichkeit von Veränderungsprogrammen** 4. Klarheit über **Verantwortlichkeiten und Reporting** 5. **Transparenz des Umsetzungsprozesses** für alle Beteiligten
8. Resultatbericht	1. Fokussierte **Darstellung von echten Ergebnissen** 2. Ausblick auf die **nächsten zu erreichenden Resultate** 3. **Steigerung der Verantwortlichkeit** für Ergebnisse 4. **Transparenz des Verfahrens und gemeinsames Verständnis** zu einem Resultat 5. Beitrag zu einer **Kultur der Leistungsorientierung und der Umsetzung**

Literatur

A

Abbate, S.: Unternehmenskultur fördern, Wiesbaden 2014.

Andler, N.: Tools für Projektmanagement, Workshops und Consulting: Kompendium der wichtigsten Techniken und Methoden, Erlangen 2015.

Ansoff, I.: Corporate Strategy, New York 1965.

Aumayr, K.: Erfolgreiches Produktmanagement, Wiesbaden 2016.

B

Baur, M./Kantowsky, J./Schulte, A.: Stakeholder Management in der Restrukturierung: Perspektiven und Handlungsfelder in der Praxis, Berlin 2015.

Bea, F./Scheurer, S./Hesselmann, S.: Praxis der Projektplanung. Projektmanagement konkret, München 2014.

Becker, J./Kugeler, M./Rosemann, M.: Prozessmanagement: Ein Leitfaden zur prozessorientierten Organisationsgestaltung, Berlin 2012.

Becker, T.: Netzwerkmanagement: Mit Kooperation zum Unternehmenserfolg, Heidelberg 2011.

Belz, C.: Value Selling, Stuttgart 2016.

Berndt, J./Henkel, S.: Benchmarken, München 2016.

Berner, W.: Culture Change: Unternehmenskultur als Wettbewerbsvorteil, Stuttgart 2012.

Brauweiler, H.: Risikomanagement im Unternehmen, Wiesbaden 2015.

Brem, A./Brem, S.: Kreativität und Innovation im Unternehmen, Stuttgart 2013.

Britzelmaier, B.: Controlling: Grundlagen, Praxis, Handlungsfelder, München 2013.

Burghardt, M.: Projektmanagement: Leitfaden für die Planung, Überwachung und Steuerung von Projekten, Berlin 2012.

C

Covey, S.: Der Weg zum Wesentlichen, Frankfurt 2014.

Covey, S.: Umsetzung, Offenbach 2014.

D

D'heur, M.: Sustainable Value Chain Management, Berlin 2015.

Doppler, K./Lauterburg, C.: Change Management: Den Unternehmenswandel gestalten, Frankfurt 2014.

Drews, G./Hillebrand, N.: Praxishandbuch Projektmanagement, Freiburg 2015.

Drucker, P.: Innovation and Entrepreneurship, Oxford 2004.

Drucker, P.: Management, Oxford 2001.

Drucker, P.: The Effective Executive, New York 1966.

F

Fiedler, R.: Controlling von Projekten: Mit konkreten Beispielen aus der Unternehmenspraxis, Wiesbaden 2016.

Freese, W.: Erstellung von Fehlerbäumen, München 2015.

Friedag, H./Schmidt, W.: Balanced Scorecard. Einfach konsequent, Freiburg 2014.

Friedl, G./Hofmann, C./Pedell, B.: Kostenrechnung, München 2013.

Füermann, T.: Prozessmanagement: – Kompaktes Wissen – Konkrete Umsetzung – Praktische Arbeitshilfen, München 2014.

G

Gassmann, O./Friesike, S.: 33 Erfolgsprinzipien der Innovation, München 2012.

Glahn, R.: Moderation und Begleitung kontinuierlicher Verbesserung, Ansbach 2014.

Granig, P./Hartlieb, E./Lercher, H.: Innovationsstrategien: Von Produkten und Dienstleistungen zu Geschäftsmodellinnovationen, Wiesbaden 2013.

Granig, P.: Geschäftsmodellinnovation, Wiesbaden 2016.

Grüning, T.: Prozesskostenrechnung und Kostentreiberanalysen, Hamburg 2010.

H

Haake, K./Seiler, W.: Strategie-Workshop: In fünf Schritten zur erfolgreichen Unternehmensstrategie, Stuttgart 2012.

Hamel, G./Prahalad, C.: The Core Competence and the Corporation, in: Harvard Business Review 68/1990.

Harvard Business Review Press: On Strategy, Boston 2011.

Hauschildt, J./Salomo, S.: Innovationsmanagement, München 2010.

Hentze, J./Thies, B.: Stakeholder-Management und Nachhaltigkeits-Reporting, Berlin 2014.

Herrmann, J./Fritz, H.: Qualitätsmanagement, München 2015.

Hinterhuber, H.: Strategische Unternehmensführung, Teil I, Berlin 2011.

Hinterhuber, H.: Strategische Unternehmensführung: Das Gesamtmodell für nachhaltige Wertsteigerung, Berlin 2015.

Hirzel, M.: Prozessmanagement in der Praxis: Wertschöpfungsketten planen, optimieren und erfolgreich steuern, Wiesbaden 2013.

Hofstetter, S.: Stellenbeschreibungen für die Personalpraxis, Zürich 2011.

Homma, N.: Unternehmenskultur und Führung, Wiesbaden 2015.

Huber, A.: Praxishandbuch strategische Planung, Berlin 2015.

Hungenberg, H.: Strategisches Management in Unternehmen, Wiesbaden 2014.

I

Ifaa-Edition: 5S als Basis des kontinuierlichen Verbesserungsprozesses, Berlin 2016.

J

Joppich, M.: Wettbewerbsstrategien für neue Produkte und neue Märkte, Münster 2010.

Junge, C.: Zusammenarbeit fördern, Kommunikationsbarrieren überwinden, Schnittstellenkommunikation im Unternehmen, Marburg 2009.

K

Kaplan, R./Norton, D: Der effektive Strategieprozess, Frankfurt 2009.

Kaplan, R./Norton, D.: Putting the Balanced Scorecard to Work, in: Harvard Business Review, 09/2013.

Kaschny, M./Nolden, M./Schreuder, S.: Innovationsmanagement im Mittelstand: Strategien, Implementierung, Praxisbeispiele, Wiesbaden 2015.

Klauser, M.: Lenke, was Dein Unternehmen lenkt: Management Prozess-Architektur (MPA), München 2010.

Kohlert, H.: Unternehmensanalyse und strategische Planung, Stuttgart 2015.

Kolbusa, M.: Umsetzungsmanagement, Wiesbaden 2013.

Kotter, J.: Leading Change, München 2011.

Kremin-Buch, B.: Strategisches Kostenmanagement, Wiesbaden 2012.

Krüger, W.: Unternehmensführung: Grundlagen des Managements, Stuttgart 2016.

Kuster, J.: Handbuch Projektmanagement, Heidelberg 2011.

L

Lauer, T.: Change-Management, Berlin 2014.

M

Malik, F.: Führen Leisten Leben, Frankfurt 2014.

Malik, F.: Navigieren in Zeiten des Umbruchs, Frankfurt 2015.

Malik, F.: Strategie. Navigieren in der Komplexität der Neuen Welt, Frankfurt 2011.

Malik, F.: Unternehmenspolitik, Frankfurt 2008.

Menzel, F.: Einfach besser arbeiten: KVP und Kaizen. Kontinuierliche Verbesserungsprozesse erfolgreich gestalten, Zürich 2010.

Merten, K.: Konzeption von Kommunikation. Theorie und Praxis des strategischen Kommunikationsmanagements, Wiesbaden 2013.

Meyer, H./Reher, H.: Projektmanagement: Von der Definition über die Projektplanung zum erfolgreichen Abschluss, Wiesbaden 2016.

Michels, B.: Projektmanagement Handbuch, 2015.

Mintzberg, H.: Managen, Offenbach 2014.

Mondello, E.: Portfoliomanagement, Wiesbaden 2014.

Müller, R.: Systematische Mitarbeiterbeurteilungen und Zielvereinbarungen: Von der Planung über die Durchführung bis zur Auswertung, Zürich 2013.

P

Patzak, G./Rattay, G.: Projektmanagement: Leitfaden zum Management von Projekten, Projektportfolios und projektorientierten Unternehmen, Wien 2014.

Paul, H./Wollny, V.: Instrumente des strategischen Managements, München 2015.

Porter, M.: Wettbewerb und Strategie, München 1999.

Porter, M.: Wettbewerbsstrategie. Methoden zur Analyse von Branchen und Konkurrenten, Frankfurt 2013.

Posluschny, P.: Prozessmanagement. Kundenorientierung, Modellierung, Optimierung, Konstanz 2012.

Prudix, D.: Erfolgreiches Projektmanagement: Vom sicheren Umgang mit Menschen in Projekten, Wiesbaden 2016.

R

Remer, D.: Einführen der Prozesskostenrechnung, Stuttgart 2005.

Riedel, K.: Das kundenorientierte Unternehmen, Stuttgart 2016.

Rieder L./Siegwart, H.: Neues Brevier des Rechnungswesens, Bern 2001.

Rustler, F.: Denkwerkzeuge der Kreativität und Innovation, Zürich 2016.

S

Sackmann, S.: Erfolgsfaktor Unternehmenskultur, Wiesbaden 2004.

Schelle, H.: Projekte zum Erfolg führen, München 2014.

Scheuss, R.: Handbuch der Strategien: 220 Konzepte der weltbesten Vordenker, Frankfurt 2012.

Schiersmann, C./Thiel, H.: Organisationsentwicklung: Prinzipien und Strategien von Veränderungsprozessen, Wiesbaden 2013.

Schmitt, R.: Qualitätsmanagement: Strategien, Methoden, Techniken, München 2015.

Schneider, M.: Coopetition between Functional Departments, Aachen 2014.

Schüller, A.: Kommunikation in Zeiten der digitalen Transformation, Offenbach 2016.

Schulze, P.: Balancing Exploitation and Exploration: Organizational Antecedents and Performance Effects of Innovation Strategies, Wiesbaden 2009.

Schumann, H.: Die SWOT-Analyse. Ein Instrument des strategischen Managements, Norderstedt 2012.

Schwenker, B.: Gute Führung: Über den Lebenszyklus von Unternehmen, Frankfurt 2012.

Siems, P.: Wertstromanalyse unter dem Aspekt der Prozesskostenrechnung, Saarbrücken 2013.

Steinle, C./Eichenberg., T.: Handbuch Multiprojektmanagement und -controlling: Projekte erfolgreich strukturieren und steuern, Berlin 2014.

Sternad, D.: Strategieentwicklung kompakt, Wiesbaden 2016.

Stöger, R.: Die Toolbox für Manager, Stuttgart 2016.

Stöger, R.: Innovationsmanagement für die Praxis, Stuttgart 2011.

Stöger, R.: Produktivitätssteigerung und Ergebnisverbesserung, Stuttgart 2012.

Stöger, R.: Prozessmanagement, Stuttgart 2009.

Stöger, R.: Strategieentwicklung für die Praxis, Stuttgart 2010.

Stöger, R.: Wirksames Projektmanagement, Stuttgart 2010.

Subhash, R.: Benchmarking for Performance Evaluation, New Dehli 2015.

V

Vahs, D./Brem, A.: Innovationsmanagement, Stuttgart 2015.

Vanini, U.: Risikomanagement: Grundlagen – Instrumente – Unternehmenspraxis, Stuttgart 2015.

W

Watzka, K.: Zielvereinbarungen in Unternehmen: Grundlagen, Umsetzung, Rechtsfragen, Wiesbaden 2011.

Weber, P.: Von der funktions- zur prozessorientierten Organisation, Hamburg 2013.

Werther, D.: Vision – Mission – Werte: Die Basis der Leitbild- und Strategieentwicklung, Weinheim 2015.

Wilk, G.: Stellenbeschreibungen und Anforderungsprofile, Freiburg 2011.

Wirtz, B.: Mergers & Acquisitions Management: Strategie und Organisation von Unternehmenszusammenschlüssen, Wiesbaden 2014.

Witt, J./Witt, T.: Werkzeuge des Qualitäts-Managements in der KVP-Praxis, Düsseldorf 2013.

Z

Zimmermann, J./Stark, C./Rieck, J.: Projektplanung: Modelle, Methoden, Management, Heidelberg 2010.

Stichworte

D

E

F

G

H

I

J

K

Q

R

S